VÖGEL UNSERER HEIMAT

VÖGEL UNSERER HEIMAT

HOFFNUNG FÜR DIE VOGELWELT

Jahrmillionen sind vergangen, seitdem Gott die Erde erschuf, mit Land und Meer, mit Sonne, Mond und Sternen, mit Fischen und Vögeln, Tieren des Landes und dem Menschen. So steht es wenigstens in der Schöpfungsgeschichte der Bibel. Sechs Tage brauchte er dazu. Vom fünften Tag liest man in der Bibel: „Und Gott sprach: Es wimmle das Wasser von lebendigem Getier, und Vögel sollen fliegen unter dem Himmel. Und er schuf große Walfische ... und alle gefiederten Vögel, einen jeden nach seiner Art ... und er sah, daß es gut war.“ An der Schöpfungsgeschichte scheiden sich noch immer die Geister der Menschen. Tatsache bleibt, Vögel flogen schon, ehe es den Menschen, ehe es die Landtiere gab. Dies bestätigen auch die Wissenschaftler von heute. Rund 8600 Vogelarten gibt es heute auf der Welt. Etwa 250 von ihnen brüten regelmäßig in der Bundesrepublik, und etwa 500 haben ihre Heimat in Europa. Viele von ihnen stehen in der roten Liste der aussterbenden oder gefährdeten Vogelarten. Nur zu häufig wird dem Menschen die Schuld gegeben, der Technik, der Chemie, dem Straßenbau, dem Lärm, den Skipisten. Zum Teil mit Recht. Aber dies ist nur die halbe Wahrheit. Es gab Klimaveränderungen auf der Erde, die die Vögel zwangen, sich neue Lebensräume zu suchen. Es gab Massenseuchen unter Insekten und Kleingetier, der notwendigen Nahrung für viele Vögel. Die Flurbereinigung machte viele Vögel heimatlos.

Und ein Wunder geschah: Viele Vögel akklimatisierten sich an neue Lebensräume, die der Mensch schuf: Parklandschaften, Kiesgruben, Baggerseen und Gärten. In diesem Buch finden sich viele Beweise dafür. Die Zahl der Vogelschutzgebiete nimmt von Jahr zu Jahr zu. Arten, die vor zwei oder drei Jahren noch „für tot erklärt wurden“, beginnen sich zu regenerieren. Auf den 120 Seiten dieses Buches finden sich dafür überzeugende Beispiele. So ist dieses Buch ein Buch der Hoffnung für die Vogelwelt. Und ein kleiner „Reiseführer“ für die ganze Familie, dies im Urlaub oder bei einem Sonntagsspaziergang bestätigt zu finden – in sieben Lebensräumen zwischen Meer und Alpen.

INHALT

Meere, Küsten und Watt

Flüsse, Teiche und Seen

Nadelwälder, Laubwälder, Mischwälder

Feuchtwiesen, Sumpf und Schilf

Felder, Wiesen und Hecken

Siedlungen, Gärten und Parks

Bergwälder, Matten und Fels

Gestaltung und Bildproduktion:
Michael Lenek
Redaktion: Heinz Sponsel
Text: Dr. Frieder Sauer
Fotos: Ambros Aichhorn, Hans-Dieter Brandl, Ingo Czimmeck, Willi Dolder, Dr. Bernt Eichhorn, G. Finne, Martin Gruber, Dr. Claus König, Rudolf König, Werner Krieger, Hans Laßwitz, Werner Layer, Wolfgang Mastmann, Günther Moosrainer, Klaus Paysan, Georg Quedens, Hans Reinhard, Christian Reinichs, Dr. Frieder Sauer, Reinhard Siegel, Karl Schwammberger, Heinz Schrempp, Rolf Trummer, Peter Zeininger, Herbert Zettl, Günter Ziesler

Printed in Italy

ISBN 3-906058-13-1

MEERE, KÜSTEN UND WATT

Das Meer ist zwar ein großer, aber doch schwieriger Lebensraum, ein ewiges Einerlei von Wellenbergen, Schaumkronen und abgründiger Tiefe. Kein Wunder daher, daß nur drei Prozent aller Vogelarten sich die 70 Prozent der Erdoberfläche teilen, die die Meere bedecken.
Die Brutzeit zwingt alle Meeresvögel an das Land zurück. Dann bilden sie Brutkolonien von fast unvorstellbaren Ausmaßen: mit Zehntausenden, manchmal sogar Millionen von Vögeln. Die meisten Seevögel und Taucher legen einmal im Jahr nur ein einziges Ei. Es genügt, um ihre Art zu erhalten.
Das Fliegen in den stetigen, durch keine Aufwinde unterbrochenen Seewinden erfordert eine spezielle Flugtechnik und sehr lange, schmale Flügel.
Raubmöwen, Möwen und Seeschwalben sind zwar miteinander verwandt, dennoch haben sie sich im Laufe langer Zeiten verschieden entwickelt. 43 Arten kennt man weltweit. Alle haben Schwimmhäute zwischen den Zehen und einen tief gespaltenen Schnabel. Sie suchen ihre Nahrung nicht, wie die Watvögel, als Fußgänger in Schlick und Watt, sondern aus der Luft. Ihre Eier sind nicht kreiselförmig wie bei den Watvögeln, sondern schlicht eiförmig. Sie werden in ein kunstloses Nest gelegt und von beiden Eltern bebrütet.
Die Zehen der Raubmöwen, auch Scuas genannt, tragen gekrümmte, spitze und scharfrandige Krallen, die schon an die Krallen der Greifvögel erinnern. Da sie selbst unfähig sind, nach Fischen zu tauchen, verfolgen und bedrängen sie die anderen Fischjäger so lange, bis diese aus Angst ihre Beute fallen lassen. Im Sturzflug schnappen die Raubmöwen ihre Beute meist aus der Luft.
Die Seeschwalben zählen zu den vollkommensten Fliegern und Stoßtauchern unter den möwenartigen Vögeln. Männchen wie Weibchen sehen gleich aus und legen ein Winterkleid an, das sie fast unsichtbar macht.

Es ist schon seltsam, daß ein Vogel kaum noch Kurven fliegen kann

Die unzähligen Scharen der Papageitaucher sind vielleicht die häufigsten Vögel der Erde. Mitte April kehren sie von hoher See zu ihren Vogelbergen zurück und nehmen die oberste Etage, das mit Erde bedeckte Hochplateau, in Besitz. Dort graben sie eine Erdhöhle, in der sie Mitte Mai das einzige Ei auf ein weiches Graslager legen. Beide Partner brüten abwechselnd etwa 5 Wochen, bis das braungrau bis pechschwarz bedunte Junge schlüpft. Es bleibt noch rund zwei Monate in seiner Höhle. Die Papageitaucher fürchten sich vor nichts, manche lassen sich sogar mit der Hand ergreifen, beißen aber dann herzhaft zu. Im Wasser fühlen sie sich in ihrem Element. Sie rudern beim Tauchen wie die Pinguine mit den Flügeln. Dafür sind sie um so schlechter in der Luft: Sie können nur mit knapper Not noch von der Wasseroberfläche starten und tun es nur zur Brutzeit. Ferner können sie fast keine Kurven fliegen, und Luftzusammenstöße mit Artgenossen bleiben nicht aus. Wenn kein Gegenwind nachhilft, wird ihre Landung nicht selten zum Salto. Auch der Start gelingt bei ungünstigem Rückenwind oft erst nach mehreren Überschlägen. Darum sitzen sie am liebsten auf Felsspitzen, von denen sie sich gleich in den Luftraum stürzen können. Von Zeit zu Zeit starten alle flugfähigen Papageitaucher einer Kolonie zu rätselhaften Rundflügen um ihre Brutfelsen. Mitte August leeren sich die Brutfelsen, und die »Lunde« ziehen auf Meer hinaus. Den Winter verbringen sie auf Hochsee bis in tropische Breiten.

Wenn Vogeleier kreiselförmig sind, hat das natürlich seinen Grund

Die nordischen Vogelberge bieten eines der letzten großen Naturschauspiele unserer Erde. Schon an den Lummenfelsen von Helgoland kann man es erleben, wenn auch gleichsam nur in den Dimensionen eines Kammerspiels. Ab März finden sich die Lummen am Vogelfelsen ein, aber erst Ende Mai beginnen sie mit der Eiablage. Zigtausende drängen sich dann in den Felswänden zusammen. Sie sitzen überall, wo nur ein Vogel sitzen kann, alle die weiße Brust zum Meer gewandt, und Tausende sind in der Luft, so daß manche Beobachter an ein lebendes Dach erinnert werden. Ein Höllenlärm von Krächzlauten in allen Tonlagen erfüllt die Luft. Die Lummenpaare halten eng zusammen, kraulen sich mit den Schnäbeln, reiben die Hälse aneinander und sind überhaupt unzertrennlich. Das große Ei wird auf den nackten Fels gelegt und zwischen den Füßen gehalten. Es ist stark kreiselförmig, so daß es nicht geradeaus in den Abgrund rollen kann. Dennoch stürzt manches bei dem Gedränge auf den Felsbändern in die Tiefe. Jede Lumme kennt ihr eigenes Ei. Beide Eltern brüten etwa 30 Tage. In einer Kolonie gibt es auch ledige Lummen, die jede Gelegenheit ergreifen, ein unbedecktes Ei freudig zu bebrüten. Im Alter von zwei bis drei Wochen sind die Küken faustgroß und einigermaßen befiedert. Dann wagen sie den Sprung in die Tiefe.

Im Sturzflug mit 100 Kilometer Geschwindigkeit in die Wogen

Ein Trupp fischender Tölpel bietet ein großartiges Naturschauspiel: Meisterlich segeln die gänsegroßen Vögel in den Seewinden und spähen in die Fluten. Dann lassen sie sich nacheinander aus 10 bis 40 Meter Höhe abkippen und stoßen senkrecht in die Tiefe. Anfangs steuern sie den Sturzflug mit den Schwingen und legen sie erst zurück, wenn sie mit bis zu 100 Stundenkilometern in die Wogen stoßen. Unter Wasser rudern sie mit den Füßen, bis die Luft in ihrem Gefieder sie nach einigen Sekunden wieder an die Oberfläche wirft. Ab Februar sammeln sich die Tölpel an ihren ererbten Brutfelsen, aber erst Anfang April tragen sie aus Tang und Treibgut ein korbgroßes Nest zusammen, auf dem wenig später die beiden Eier etwa 42 Tage lang bebrütet werden. Die Nester liegen so beieinander, daß sich die brütenden Vögel nicht mit den Schnäbeln bearbeiten können. Dem Menschen weichen sie erst auf 2 Meter Abstand, und bei Nacht kann man sie mit der Hand ergreifen. Auf manchen Inseln lassen sich auch heute noch mutige Männer in die Felsen abseilen, um Tölpel für den Küchentisch zu fangen. Beide Eltern brüten. Der Ablösung geht eine ausgedehnte Begrüßung voran. Sie beginnt, indem der Ankommende ein Bündel Nistmaterial abliefert. Dann folgt lang anhaltendes Kopfschütteln. Auch der Abflug gestaltet sich kompliziert: Er gelingt erst nach längerem Anlauf, der an den Nestern der Nachbarn vorbeigeht. Um diesen friedliche Absicht mitzuteilen, schaut der Tölpel vor dem Start demonstrativ in die Wolken. Muß ein Tölpelpaar einmal sein Nest für kurze Zeit unbewacht lassen, wird es sofort von den Nachbarn zerlegt und das gestohlene Nistmaterial im eigenen Nest verbaut. Die Jungen schlüpfen nackt, blind und schwarz, aber bald wächst ihnen ein weißes Daunenkleid. Sie werden etwa dreimal am Tag gefüttert. Die Baßtölpel ziehen unter Wasser eine »Nickhaut« mit einer klaren Linse vor die Augen, sie ist eine Art natürlicher Taucherbrille. In den Nordmeeren kennt man etwas über 20 Brutkolonien mit zusammen rund 1 Million Köpfen. Ihre Zahl steigt, seit sie nicht mehr verfolgt werden wie im vorigen Jahrhundert.

Wenn die Jungen ihre Eltern verlieren, helfen die Nachbarn

Der Tordalk verbringt den Winter auf hoher See, vom Nordmeer bis in subtropische Breiten, auch im westlichen Mittelmeer. Er kehrt im Frühling als letzter Seevogel zu den Brutfelsen im Norden zurück, ab Mitte Mai wird das Ei gelegt. Er brütet einzeln oder in lockeren Gruppen zwischen anderen Seevögeln in Höhlen und Spalten, aber auch auf unzugänglichen Felsbändern, stets ohne Nestunterlage. Die Jungen schlüpfen nach reichlich einem Monat. Sie sind eigentlich Nestflüchterküken, die jedoch auf ihrem Felsband wenig Auslauf haben. Beim geringsten Warnruf ihrer Eltern stürzen sie sich in die Felsspalten. Junge, die ihre Eltern verloren haben, werden von den Nachbarn mit aufgezogen. Auch kinderlose Altvögel helfen bei der Jungenaufzucht. Dem Menschen gegenüber ist der Tordalk gänzlich furchtlos und benützt im Notfall seinen messerscharfen Schnabel. Die Jungen springen im Alter von zwei bis drei Wochen von den Brutfelsen und schwimmen mit ihren Eltern aufs Meer hinaus.

Gryllteisten lieben das einsame harmonische Leben zu zweit

Sie sind die Heimlichsten und Schweigsamsten in den Vogelfelsen, sie brüten einzeln oder zerstreut in wenigen Paaren in Höhlen am Fuße der Vogelberge. Sie sind auch als erste mit der Brut fertig und ziehen davon. Im Winter sieht man sie regelmäßig in der südlichen Ostsee, aber nur selten in der Deutschen Bucht. Im Mai balzen sie vor den Brutplätzen mit einer Art Wasserballett über und unter der Oberfläche. Die zwei Eier werden auf den nackten Fels gelegt, manchmal auch auf eine mit Steinchen planierte Stelle. Die Gryllteiste verbringt auch den Winter im nordischen Meer. Sie entfernt sich kaum aus der Sichtweite der Küsten. Auf dem Wasser schwimmt sie so federleicht, daß man manchmal ihre roten Beine sehen kann, unter Wasser arbeitet sie sich mit Flügeln und Beinen voran.

Wenn der Eissturmvogel »spuckt«, trifft er sein Ziel ganz genau

Wenn Möwen mit schwimmenden Flügelschlägen einen Ozeandampfer begleiten, ist das Land nicht mehr weit; wo ihn aber Eissturmvögel mit starr gebreiteten Schwingen umkreisen, dehnt sich das weite offene Meer. Gern folgt er den Fischerbooten und nährt sich von ihren Abfällen. Sonst fischt er Plankton-Organismen, an denen das nordische Meer überreich ist und von denen auch die Wale leben. Einst war der Eissturmvogel ein Bewohner des hohen Nordens. So bevölkert er an der Nordspitze Grönlands, dicht an der Packeisgrenze, die nördlichste Vogelkolonie überhaupt. In den letzten 100 Jahren aber hat er sein Brutgebiet weit nach Süden ausgedehnt und ist heute längst ein Massenvogel auf den Faröern, den Shetlandinseln, den Lofoten. Sein südlichster Stützpunkt liegt in der Bretagne. Im Nordatlantik dürften rund zwei Millionen Brutpaare leben, obwohl der Eissturmvogel nur ein Ei pro Jahr legt. Es wird ohne weitere Unterlage abgelegt, in den Vogelfelsen meist auf die obersten Felsbänder. Konkurrenten um den Nistplatz bespuckt er bis zu einem Meter Abstand zielsicher mit seinem öligen, faulig riechenden Mageninhalt. Leidtragende sind vor allem Dreizehenmöwen und Papageitaucher, die an dieser »Ölpest« nicht selten zugrunde gehen. Auch die Jungvögel spucken. Anfang April tauchen die Eissturmvögel an den Brutfelsen auf und wirbeln im Aufwind um die Klippen. Beide Partner brüten zusammen etwa 7 Wochen lang und müssen jeweils einige Tage auf die Brutablösung warten. Sie lassen sich auf den Eiern von den Menschen mit den Händen greifen, schlagen aber mit dem Schnabel, und natürlich spucken sie. Die Jungen schlüpfen Mitte Juli, sie werden dann noch 6 bis 8 Wochen gefüttert. Im September ziehen die Eltern wieder hinaus in die Hochsee. Die Jungen stürzen sich wenig später erst halbflügge von den Brutfelsen auf das Meer. Sie sind dann schon selbständig, da ihnen die Nahrung, Plankton-Organismen, vor den Schnabel treibt. Um diese Zeit werden sie mancherorts in Massen von Vogelfängern in die Boote geschöpft.

Ein Feinschmecker, der Austernmuscheln öffnen kann

Der Austernfischer, ein Nahrungsspezialist, kann eine fast unerschöpfliche Nahrungsquelle anzapfen: die Muscheln im Wattenmeer. Er stößt seinen messerschmalen Schnabel in die spaltenbreit geöffnete Muschel, ehe sie zuklappen kann. Es kann ihm passieren, daß er zu große Muscheln angreift, die dann seinen Schnabel einklemmen. Dann muß er die Muschel so lange am Schnabel herumschleppen, bis sie erschöpft ist und die Klemme lockert.
Im Wattenmeer zählt der Austernfischer zu einem der häufigsten und auffälligsten Vögel. Meist läuft er gemächlich umher, schwimmt aber auch sehr gut, und die gefährdeten Jungen können sich tauchend in Sicherheit bringen.
Das Nest, eine einfache ausgescharrte Mulde, wird vor oder hinter dem Deich, im Spülsaum des Meeres oder auf einer Viehweide eingerichtet. Die meist vier, aber nie mehr als vier Eier werden im Mai bebrütet. Beide Eltern teilen sich in der Führung der Jungen, wobei Vater und Mutter manchmal verschiedene Wege gehen.

Mit raffinierten Tricks kann man seine Kinder schützen

Der aufwärts gebogene, von der Seite gesehen dünne, aber doch breite Schnabel zeigt den Nahrungsspezialisten an: Der Säbelschnäbler seiht mit mähenden Halsbewegungen Kleinorganismen aus dem Flachwasser und den obersten, noch flüssigen Schlammschichten heraus. Er schwimmt gut und freiwillig. Er kann bei Gefahr auch schnell tauchen. Dieser typische Lagunenvogel brütet im Binnenland nur an Salz- und Sodaseen, wo bestimmte Kleinkrebse zur Massenentfaltung kommen. Nähert sich der Mensch seinen lockeren Brutkolonien, so fliegen die nichtbrütenden Partner dem Eindringling mit beharrlichem Geschrei entgegen, während sich die Brutvögel von den Eiern schleichen und in einiger Entfernung mit den seltsamsten Verrenkungen dahinhumpeln. Das »Verleiten« ist ja vielen Bodenbrütern angeboren, sie wollen damit die Aufmerksamkeit vom Nest ablenken und auf sich ziehen. Folgt der Feind dem angeschlagen wirkenden Altvogel, so wird dieser mit wachsendem Abstand vom Nest immer behender und fliegt schließlich davon. Am intensivsten ist dieses »Verleiten« ausgeprägt, wenn die Küken eben geschlüpft sind. Einzelne Kinder können die Altvögel durch ihre Vorführungen vom Nest abdrängen, eine ganze Herde aber walzt das Gelege nieder. Die Jungen können sofort ohne Anleitung ihre Nahrung suchen, sie bedürfen aber der mütterlichen Wärme. Zum Aufwärmen hockt der Altvogel sich dann auf die Fersen, und die Jungen stellen sich unter die gelüfteten Flügel.

Nur 40 cm hoch, aber mit einer Flügelspannweite von 1 Meter

Um die Jahrhundertwende war der Triel in sandigen Ödländern in Deutschland nicht selten, doch wer heute seine nächtlich krähende Stimme vernehmen will, muß schon in die versteppten Niederungen rund um das Mittelmeer fahren. Nur wenige Vögel teilen seinen Lebensraum, in Mitteleuropa vor allem der Brachpieper; in Südeuropa kommen die Kurzzehenlerche, die Flughühner, die Zwergtrappe und andere dazu. Eine letzte Erinnerung an seine ferne Watvogelverwandtschaft überkommt ihn beim Baden. Er badet nie im Sand wie die seit jeher an die Steppe gewöhnten Hühner, sondern nur im Wasser. Auch die zwei Eier pro Gelege sind nicht hühnermäßig: Sie liegen einfach auf dem Boden, und die Eltern lösen sich mehrmals täglich beim Brüten ab. Sie schleichen sich nur dann zum Nest, wenn sie sich ungestört fühlen, und sie schleichen sich wieder herunter, wenn der Feind noch weit ist. Die Eltern können bei Gefahr die kleinen Jungen im Schnabel davontragen. Der Triel ist ein Dämmerungsvogel, der sich von Insekten, aber auch von Jungvögeln und Mäusen ernährt.

An Flugkunst allen anderen Meeresvögeln überlegen

Die Schmarotzerraubmöwe ähnelt der Scua, hat aber nur Dohlengröße. Im Flug wirkt sie falkenartig, sie macht reißende Sturzflüge, segelt und rüttelt und ist an Flugkunst allen anderen Meeresvögeln überlegen. Sie jagt vor allem der Dreizehenmöwe mit Schnabelhieben, Fußtritten und Flügelschlägen das Futter ab und fängt es im Fallen auf. Taucht der Verfolgte mit seiner Beute ins Wasser, so läßt sie aber von ihm ab; ihre Jagd heißt wilde Hetze, aber nicht Auflauern. Im Nordatlantik ist sie die häufigste Raubmöwe und ungebetener Gast an allen Vogelfelsen. Sie frißt auch angespülte tote Fische und Lemminge. In der hellen Polarnacht bleibt sie ebenso rege wie am Tage. Sie brütet in lockeren Kolonien wie die Scua, oft in Nachbarschaft mit Brachvogel, Austernfischer, Bekassine und Sturmmöwe. Nach der Brutzeit streicht sie weit ins offene Meer hinaus, dann wird sie auch regelmäßig an der deutschen Nordseeküste gesehen. Die Lappen haben sie früher mit einem Fischchen als Köder aus der Luft geangelt und gegessen.

Der schwächere Jungvogel wird an den stärkeren verfüttert

Die Scua ist der einzige Meeresvogel, der sowohl das Nordmeer wie auch die Meere um den Südpol bewohnt. Die im Norden brütenden Scuas ziehen im Herbst südwärts, und im Frühling, wenn es am Südpol Winter wird, kommen die »Süd-Scuas« zu uns. Die Scua, größer als ein Kolkrabe, hat die Wildheit und Kraft eines Adlers. In der Luft ist sie allen anderen Meeresvögeln überlegen und hetzt und bedrängt sie solange, bis sie, um schneller fliegen zu können, die eben gefangene Beute auswürgen. Noch ehe sie zu Boden gefallen ist, wird sie dann von der nachstoßenden Scua aufgefangen. Daneben plündert die Scua unbehelligt die Vogelfelsen, geht an Aas und sammelt sich auf gestrandeten Walen, fängt Lemminge und erbeutet auch erwachsene Vögel. Die Scuas brüten in lockeren Kolonien, manchmal weit von der Küste im Binnenland auf grasigen Hochflächen, von denen aus sie geradewegs zum Meer fliegen. Von den zwei Jungvögeln wird der schwächere häufig an den stärkeren verfüttert. Die Scuas vertreiben Eindringlinge mit Schnabelhieben, die sie im Vorüberfliegen austeilen, aus der Brutkolonie. Auch Menschen trauen sich nur selten ohne Hut und Knüppel zu den Nestern.

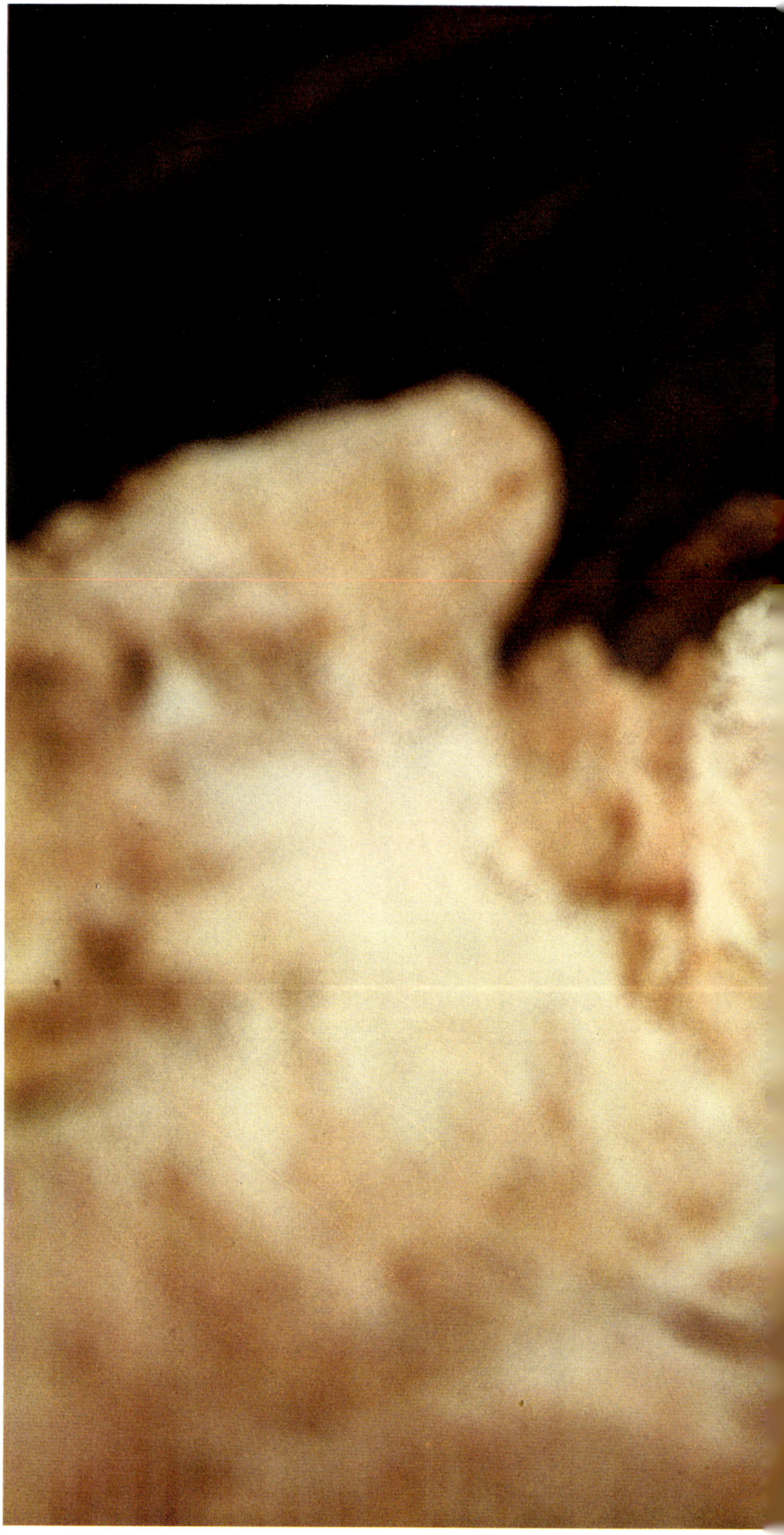

In Grönland gibt es Kolonien mit über 100 000 Brutpaaren

Die Dreizehenmöwe ist die einzige Hochseemöwe und der häufigste Vogel im Nordatlantik. In Grönland gibt es Kolonien mit über 100 000 Brutpaaren, über denen die an- und abfliegenden Vögel ein lebendes Dach zu bilden scheinen. Der Lärm in diesen Vogelgroßstädten hört sich von ferne wie der Verkehrslärm einer menschlichen Großstadt an. Eine kleine, aber immer noch eindrucksvolle Kolonie gibt es auch auf Helgoland. Auf den Vogelfelsen besetzt die Dreizehenmöwe die unteren Regionen. Hier kleistert sie aus Schlamm, Lehm und Tang ein tiefnapfiges Nest in die Steilwände. Die Jungen sind mangels Auslaufs keine Nestflüchter wie alle übrigen Möwenkinder, sondern eher Nesthocker, und haben auch keine Verbergetracht wie ihre Verwandten. Gewöhnlich sitzen sie mit dem Gesicht zur Wand in oder neben ihrem Nest. Die Dreizehenmöwen kommen nur zur Brutzeit zu ihren Felsen. Das übrige Jahr verbringen sie auf dem Meer, teils auch im Winter in der Nähe ihrer Kolonien. Sie fliegen sowohl niedrig wie hoch und beherrschen mühelos den schwersten Sturm. Sie schlafen auf den Wellen.

Sie gehören zur Nordsee wie Wellen und Wind: Silbermöwen

Sie begleiten die Heringskutter, sammeln sich auf Müllhalden und »kontrollieren« die Seehäfen. Mehr und mehr beginnen sie, ihren Lebensraum in das Binnenland auszubreiten.
Die Silbermöwe neigt zur Massenvermehrung und bedroht als Eiräuber und Kükenfresser den Bestand schwächerer und seltenerer Seevögel. Nur im Mittelmeerraum werden ihre Eier noch heute gesammelt und gegessen, deshalb ist sie dort nicht häufig. Die Mittelmeerrasse hat gelbe, die aus dem übrigen Europa fleischfarbene Füße. Heute werden die Silbermöwenkolonien in der Nordsee von Vogelschützern kontrolliert: Die allzu vielen Eier werden kurz geschüttelt. Dabei erleidet der zarte Embryo im Inneren tödliche Verletzungen. Die Möwen aber brüten auf den toten Eiern weiter, bis ihr Bruttrieb erlischt. Die Silbermöwe ist ein Allesfresser: Sie geht an tote Fische, erbeutet Strandkrabben, sucht den Spülsaum ab und sammelt sich in großen Scharen an gestrandeten Kadavern. Sie jagt den Tauchenten die Muscheln ab und kann es lernen, Muscheln aus großer Höhe auf Steine fallen zu lassen, um die Schalen zu zertrümmern. Die Silbermöwenkolonien liegen unmittelbar am Meer, meist auf Inseln; wo sie verfolgt wird, auch in Steilwänden. In den nordischen Vogelfelsen brütet sie dicht unter der Oberkante, über sich nur die Mantelmöwe und die Papeigeitaucher, unter sich die übrigen Seevögel, deren Eier sie austrinkt und deren Junge sie verschlingt. Bei der Paarung balanciert das Männchen flügelschlagend auf dem Rücken des Weibchens. Mit flügelamputierten Zoomöwen mißlingt die Paarung, weil die Männchen mit einem halben Flügel nicht das Gleichgewicht halten können. Die flügge gewordenen Jungmöwen sind dunkelbraun gefärbt. Mit jedem Jahr legen sie ein helleres Gefieder an, erreichen aber erst im 4. Jahr das Alterskleid mit dem seidengrauen Mantel. Bis dahin werden sie in den Brutkolonien nicht geduldet und vagabundieren weit herum. Sie kommen gelegentlich auch an größere Gewässer im Binnenland.

Heringsmöwen brüten auch an Süßwasserseen im Binnenland

Die Heringsmöwe ist die nächste Verwandte der Silbermöwe und ihr in der Lebensweise überaus ähnlich, äußerlich allerdings von zierlicherer Gestalt. Die Heringsmöwen von den britischen Inseln haben einen schiefergrauen, die skandinavischen einen schwarzen »Mantel« (Flügeldecken und Rücken.) Ebensowenig wie die anderen Großmöwen ist sie kein reiner Meeresvogel, sondern brütet in Teilen ihres Verbreitungsgebietes auch an Süßwasserseen oder auf Mooren im Binnenland. Ihre Stimme klingt teils kreischend, dann wieder gackernd oder jauchzend. Auch ihr Bestand hat in den letzten Jahren zugenommen, da ihr Tisch mit Abfällen aus der Fischindustrie mancherorts reich gedeckt ist.

Sturmmöwen sind für Seefahrer das Zeichen der nahen Küste

Im Norden ist die Sturmmöwe mehr ein Vogel des Binnenlandes, in Mitteleuropa dagegen überwiegend Küstenvogel. Die größte deutsche Sturmmöwenkolonie mit zeitweise über 10000 Brutpaaren liegt bei Heiligenhafen an der Ostsee. Hier werden die ersten Gelege für Küchenzwecke abgesammelt, und die Vögel bebrüten dann ihre Nachgelege. Für die Seeleute sind die ersten Sturmmöwen nach langer Fahrt ein Zeichen der nicht mehr fernen Küste, in das Binnenland ziehen sie sich vor heftigen Stürmen zurück. Einzelne Sturmmöwen mischen sich auch unter Lachmöwenscharen, die im Winter über den Gewässern der Großstädte kreisen. Hier jagen sie gerne den schwächeren Lachmöwen die Brocken ab, die Menschen ausstreuen. Die Sturmmöwe schmarotzt auch bei Enten und bei den Papageitauchern, an den Vogelbergen des Nord-Meeres, wo sie aber nicht selten die eben erjagte Beute der ihr überlegenen Schmarotzerraubmöwe abgeben muß. Sie sucht auch auf dem Festland ihre Nahrung, folgt z. B. dem Pflug und trampelt im Schlickwatt, um Beutetiere aufzuscheuchen.

Die Brutkolonien liegen in flachen Lagunenlandschaften

Eine seltene Möwe mit isolierten Kolonien in Andalusien, der Camargue, im Vardar-Delta und am Schwarzen Meer. Zur Brutzeit ist ihre Bauchseite zart rosa überhaucht. Die Brutkolonien liegen in flachen Lagunenlandschaften, gelegentlich nisten Dünnschnabelmöwen auch in Kolonien anderer Möwen. Nach Osten zu wird sie häufiger. Das Nest wird nicht ohne Sorgfalt aus Schlamm und Sand erbaut und mit Halmen und Federn ausgelegt. Es erhebt sich einige Zentimeter über die Umgebung. Die 2 bis 3 Eier werden, je nach Kolonie, etwa synchron im April oder Mai gelegt und rund 24 Tage bebrütet, wobei sich Männchen und Weibchen in unregelmäßigen Abständen auf dem Nest ablösen.

Wenn der Treibsand immer wieder das Nest verweht

Das lerchengroße Vögelchen ist die kleinste und zierlichste aller Seeschwalben. Sie brütet an den Meeresküsten und an größeren Flüssen, bevorzugt auf Sandbänken, und findet dort ihr Nest immer wieder, auch wenn der treibende Sand die ganze Umgebung beständig umgestaltet; notfalls gräbt sie sogar ihre Eier wieder aus, und es ist vorgekommen, daß die brütende Seeschwalbe vom Sand zugedeckt und schließlich begraben wurde. Ihre Jungen tragen ein entsprechend sandfarbenes Dunenkleid. Nicht selten brütet sie in enger Nachbarschaft mit Regenpfeifern, und da beide Nestflüchterküken haben, kann es zu drolligen Verwechslungen kommen, indem z. B. ein Regenpfeifer die jungen Seeschwalben hudert und sie gegen ihre Eltern verteidigt, die ihren Kindern Futter bringen wollen. Aber sobald die Kleinen der Hunger plagt, laufen sie den falschen Pflegeeltern davon, und alles klärt sich auf. Bei der Jagd rüttelt die Zwergseeschwalbe oft lange über der Beute, meist Jungfischchen, ehe sie auf das Wasser hinunterstößt. Meistens taucht sie nicht ganz unter, sie kann aber auch den Sturzflug mit einigen Flügelschlägen beschleunigen.

Die Kunst, einer jungen Raubseeschwalbe einen Fisch anzubieten

Diese größte aller Seeschwalben brütet auf Sand- und Kiesbänken an der Meeresküste wie auch an großen Binnenseen. Die Nester aus Halmen und Fischgräten liegen oft nur um Armeslänge voneinander entfernt. Beide Eltern versorgen die Nestflüchterküken mit Fischnahrung und bringen Beutestücke bis zu 25 cm Länge, die das Junge mitunter gar nicht verschlingen kann. Es bekommt dann den Fisch vorgehalten, und wenn er ihm in den Sand fällt, so wird er vom Altvogel im Wasser gewaschen und erneut angeboten. Erst nach vielen vergeblichen Versuchen frißt der Altvogel den Fisch selber, und das Junge bekommt einen anderen, der dann kleiner ist. Gegen Störungen am Nest ist die Raubseeschwalbe sehr empfindlich. Die Raubseeschwalben rasten am Ufer in einer einzigen langen Reihe.

Ein Meister im Tauchen bis in sechzig Meter Tiefe

Zur Brutzeit, die Ende Mai beginnt, liebt der Prachttaucher große klare Seen, begnügt sich in Meeresnähe aber auch mit kleineren Teichen. Dort baut er sein Nest, eine spärlich ausgelegte Mulde, so nahe am Wasser, daß er bei Gefahr mit einem Ruck wegtauchen kann. Ans Land kommt er nur zum Brüten. Meist beansprucht ein Brutpaar einen ganzen See für sich allein, oft auch mehrere, zwischen denen es dann hin und her fliegt. Die Taucher starten nach einem längeren Anlauf vom Wasser, sind in der Luft ausdauernd und schnell und landen mit nach hinten gestreckten Beinen auf der Brust. Manchmal schießen sie bei der Landung sofort wie ein Pfeil in die Tiefe. Wenn die Küken nach etwa 30 Tagen Brutzeit geschlüpft sind, bleiben sie noch ein bis zwei Tage im Nest; dann besteigen sie den Rücken ihrer Eltern, der für die ersten Wochen ihr Zuhause wird. Der Prachttaucher kann so leicht wie eine Ente auf dem Wasser liegen, aber wenn er sich bedroht fühlt, preßt er die Luft aus seinem Federkleid und sinkt dann so tief, daß außer dem Kopf nur noch ein schmaler Streifen des Rückens über Wasser bleibt. Bei seiner Unterwasserjagd auf Fische rudert er nur mit den Füßen und steuert mit dem Stummelschwanz. Viele stoßen in der Tiefe in Fischernetze und ertrinken. Man hat sie schon aus 60 Meter Tiefe geborgen. Prachttaucher sind Zugvögel und überwintern im Atlantik bis hinunter an die Küsten Spaniens, im Mittel- und im Schwarzen Meer. Auf dem Zug sind sie von Ende September bis Mitte März auch auf Flüssen und Seen des Binnenlandes zu beobachten, und wo ihnen die Fische zusagen, bleiben sie auch länger. Einige überwintern regelmäßig auf dem Bodensee. Im Winter tragen sie ein unscheinbar graues Schlichtkleid, im Sommer ein prachtvoll-vornehmes Brutkleid.

FLÜSSE, TEICHE UND SEEN

Hier lag einst das Paradies für viele Vogelarten, vom großen Schwan bis zur kleinen Bachstelze, vom Sterntaucher bis zur Flußseeschwalbe. Mehr und mehr geriet dieses Paradies in Gefahr. Flüsse wurden begradigt und kanalisiert, die Böschungen verschwanden, in die Eisvogel und Uferschwalbe ihre Bruthöhlen bauen konnten. Mit jedem begradigten Bach verlor die Wasseramsel ein Stück Heimat. Ein gewisser Ersatz für diese verengten Lebensräume bildeten Rieselfelder und Speicherbecken, die zur Klärung von Abwässern angelegt wurden. Auch viele Kiesgrubenseen wurden für manche Vögel zu einer Art von Ersatzheimat. Manche von ihnen wurden sogar zu neuen Vogelparadiesen, wenn es gelang, Störungen durch Menschen von ihnen fernzuhalten.

Die größte Gruppe dieser Wasservögel bilden die sogenannten Gänsevögel; in ihr werden Enten, Gänse und Schwäne zusammengefaßt. Ihnen gemeinsam sind kurze Beine, durch Schwimmhäute verbundene Zehen, ein langer Hals, ein „platter Entenschnabel". Die schmalen und spitzen Flügel ermöglichen oft einen schnellen und ausdauernden Flug. Die Jungen aller Gänsevögel kommen sehr selbständig zur Welt, sie tragen schon nach dem Ausschlüpfen ein warmes Dunenkleid, können laufen, springen und schwimmen und wissen sich sofort nach dem Ausschlüpfen ohne Anleitung mit Futter zu versorgen. 124 Unterarten gibt es in der Gruppe der Enten, 15 in der Gruppe der Gänse, die weniger an das Wasser gebunden sind als Enten. Sie suchen ihre Nahrung vorwiegend auf dem Festland. Alle 8 Arten der Schwäne jedoch sind streng an das Wasser gebunden. Sie können sich nur im Wasser paaren und normalerweise auch nur vom Wasser auffliegen. Als Vegetarier holen sie sich ihre Nahrung gründelnd vom Gewässergrund.

Ein langer Schnabel, mit spitzen Hornzähnen bewaffnet

Ein Säger ist nichts anderes als eine Ente, die sich auf Fischfang spezialisiert hat. Dazu ist ihr Schnabel lang und schmal und mit sehr spitzen Hornzähnen nach Art einer Säge bewaffnet - daher der Name Säger. Balz, Brut, Mauser und überhaupt die ganze übrige Lebensweise der Säger sind aber „typisch Ente". Der Zwergsäger lebt in der Tundra, wo er in Höhlen brütet und das Nest mit Dunen füllt. Er brütet meist so fest, daß man ihn gegen Ende der Legezeit von den Eiern heben kann, ohne daß er es übelnimmt. Im Winter erscheinen die Zwergsäger in der norddeutschen Tiefebene und in England. Sie gehen auch auf kleine Gewässer wie gefüllte Gräben und überschwemmte Wiesen. Sie sind gesellig und tauchen auch stets gemeinsam, wie auf Kommando. Wenn ihr Gewässer bis auf ein kleines Wasserloch zugefroren ist, so tauchen sie von diesem aus weite Strecken unter der Eisdecke und finden wieder zu ihm zurück.

Wie eine Gänsesäger-Mutter ihr Junges aus dem Nest locken kann

Die größte und die einzige in Deutschland brütende Sägerart ist der Gänsesäger. Noch vor hundert Jahren wurden seine Eier um Berlin körbeweise gesammelt und zu Ostern verbacken. Heute leben noch 40 bis 50 Brutpaare an Klarwasserflüssen in Oberbayern. Der Gänsesäger ist Höhlenbrüter, der notfalls auch mit dem Waldkauz die Wohnung teilt. Er klettert auch in metertiefe Schächte, und die Jungen klettern heraus, er verlangt jedoch ein Flugloch von mindestens 14 cm Durchmesser. Selbst wenn die Höhle mehrere Kilometer vom nächsten Wasser entfernt liegt, stolpern und klettern die Jungen, von der Mutter geführt, durch dichtes Gras, bis sie ankommen. Die Säger erscheinen im März im Brutgebiet und balzen bis in den April. Wenn dann im April das Weibchen auf den Eiern sitzt, verlassen die Männchen das Brutgebiet. Im Juni mausern sie zum Schlichtkleid und sind dabei vorübergehend flugunfähig. Die Weibchen führen unter-

dessen die Jungen und mausern im August. Bis Ende Oktober sind alle in ihre Winterreviere abgezogen. Gänsesäger sind recht scheu, können sich aber an Badebetrieb gewöhnen. Im Winter drängen sie sich mancherorts mit allerlei Enten auf zufrierenden Seen an den letzten eisfreien Stellen zusammen und lassen sich von den Naturfreunden das Futter zuwerfen. Im Sommer sind sie dagegen erfolgreiche Fischer. Ihr Schnabel ist nicht abgeplattet wie der typische Entenschnabel, sondern mehr rund und mit Hornzähnen ausgerüstet.

Die Rostgans brütet, der Ganter aber prügelt sich mit jedem Männchen

Den Sommer über lebt die Rostgans paarweise in Zärtlichkeit und ehelicher Treue. Der Ganter prügelt sich mit jedem Männchen, das seinem Weibchen zu nahe kommt. Während es brütet, hält er Wache an einem Punkt, der gute Übersicht verleiht. Rostgänse sind Höhlenbrüter, und das bringt sie in höhlenarmen Gegenden in Wohnungsnot. So brüten sie manchmal hundert Meter hoch in Felswänden, von denen die Jungen dann herabspringen müssen, oft viele Kilometer von Wasser und Weide entfernt. Manchmal müssen sie ihre Höhle mit Geiern oder Dohlen teilen. Rostgänse sind wenig an das Wasser gebunden, sie können ordentlich gehen, brauchen keinesfalls zu watscheln und fressen Gras. Die Gössel sind schwarzweiß bedunt und erinnern damit an ihre nächsten Verwandten, an die Brandgänse.

Eine Gans, die es wagt, sogar in Fuchsbauen zu brüten

Die Brandgans ist ein Charaktervogel der südlichen Nordsee. Hier leben über 100 000 Tiere, sie sind zutraulich und recht auffallend. Auf Sylt wurden sie früher fast wie Haustiere gehalten, indem man ihnen Bruthöhlen anbot und ihnen dann die ersten Eier wegnahm. Sie schmecken zwar unangenehm tranig, was damals aber niemanden störte. Die Gans legte dann weitere Eier nach und durfte auf den letzten ungestört brüten. Als Höhlenbrüter kann sie nicht wählerisch sein; sie haust zusammen mit den Erbauern in Kaninchenröhren, soll es sogar mit dem Fuchs wagen und brütet oft viele Kilometer vom Wasser entfernt. Zur Not nimmt sie auch mit überhängenden Zweigen vorlieb. Die Eier liegen immer am blinden Ende der Höhle, gegen Ende der Brutzeit auf einem Daunenpolster. Bei Nisthöhlenmangel legen oft mehrere Weibchen in dasselbe Nest und streiten dann darum, wer brüten darf, bis sich ein Weibchen durchsetzt. Ihr Hauptfeind ist das Hermelin. Die Gans führt die Jungenschar, der Ganter folgt. Die Jungen tauchen vom ersten Tage an nach Nahrung, während die Alten lieber im Flachwasser schnattern und auf der Suche nach Muscheln den Sand mit den Füßen durchwühlen. Von Mitte Juli bis Mitte August sammeln sich Zehntausende von Brandgänsen auf dem Großen Knechtsand. Dort mausern sie und verlieren für Wochen alle Flugfedern.

Es ist ein Irrtum, zu glauben, daß nur Schnatterenten schnattern

Die Schnatterente ist vor allem im Osten heimisch, aber auch im westlichen Europa leben einige Zehntausend mit steigender Tendenz. Sie liebt große Seen mit flachen, krautreichen Buchten, wo sie im Flachwasser bis zu 30 cm Tiefe Pflanzen abweidet. Daneben verschluckt sie kleine Muscheln unzerkaut, wie das auch andere Enten tun. Die Männchen mausern im Juli zu einem unscheinbaren Schlichtkleid und legen nach nur drei Wochen in einer zweiten Mauser wieder ihr Prachtkleid an. Wenig später umbalzen sie die Weibchen bis etwa Ende Oktober. Von da an treten sie gepaart auf. Die Paare halten bis zum Beginn der Brutzeit zusammen, die frühestens im Mai, meist aber erst im Juni beginnt. Dann verlassen die Enteriche die brütenden Enten und ziehen sich in schilfreiche Seen zurück, wo dann bald die Schwingenmauser einsetzt. Die Nester findet man meist auf trockenen Plätzen und bis zu 100 Meter vom Wasser entfernt. Bei späten Bruten verlassen die Weibchen nicht selten ihre Jungen, bevor sie flügge sind, doch können sich die Jungen auch als mutterlose Kinderschar durchschlagen. Die Schnatterente taucht nicht gern, doch sie jagt nicht selten tauchenden Enten und Bläßhühnern das aus dem Wasser heraufgeholte Futter ab.

In unterseeischen Wiesen suchen sie ihre Spezialitäten

Die Kolbenente ist vor allem ein Vogel warmer Steppenseen. In Mittel- und Westeuropa brütet sie nur an wenigen Stellen, z. B. am Bodensee. Sie ist ein Nahrungsspezialist, indem sie vor allem untergetauchte Wasserpflanzen wie Laichkräuter und Armleuchteralgen abweidet. Dazu taucht sie bis zu 4 Meter tief. Im Oktober versammeln sich auf dem Bodensee rund tausend Kolbenenten wegen der Armleuchteralgen und verschwinden wieder, wenn sie die unterseeischen Wiesen abgeerntet haben. Die Kolbenente ist Zugvogel, aber auch auf dem Bodensee überwintern einige. Bei der Balz bringen die Erpel ihren prachtvollen fuchsroten Kopf richtig zur Geltung, indem sie das Kopfgefieder sträuben, so daß der Kopf von der Seite seltsam scheibenartig vergrößert wirkt.

Ihre Ehe geht meistens schon während der Brutzeit zu Bruch

Die Tafelente brütet - hauptsächlich in Osteuropa - an flachen Binnengewässern mit Schlammgrund und weiten Schilfrändern. In Mitteleuropa gilt sie mehr als Durchzügler, der von Juli bis November und - mit stark gelichteten Scharen - dann wieder im März auf der Reise ist. Im April balzen die Männchen und schließen dann eine Saisonehe, die schon während der Brutzeit, meist im Juni, zu Ende geht. Die Ente legt das Nest, immer gegen Sicht von oben verborgen, mit welkem Gras aus und polstert es mit Daunen. Bei einer Störung schleicht sie sich unauffällig davon und schwimmt auf das offene Wasser. Die Tafelente geht nur selten an Land. Sie taucht nach Wasserpflanzen und verzehrt sie unter Wasser. Ihre Tauchdauer in der Not beträgt bis zu drei Minuten. Der Name „Tafelente" weist auf ihren kulinarischen Wert hin. Die Tafelente gehört zusammen mit einigen anderen Entenarten zu jenen, die erkannt haben, wie sicher und reich mit Futter versorgt man in der nächsten Nähe des Menschen leben kann. Manche überwintern zusammen mit Stockenten auf übervölkerten Parkteichen und lassen sich das Futter zuwerfen. Manche schreiten auch auf Gewässern, die von Menschenhand angelegt wurden, zur Brut.

Wenn die Brutzeit kommt, finden sich die alten Paare wieder

Die Saatgans brütet in der Tundra und in der nördlichen Nadelwaldzone von Eurasien. Im September sammeln sich die Vögel in Buchten an der Nordküste Europas und ziehen in südwestlicher Richtung. Sie überwintern in der norddeutschen Tiefebene bis nach Holland und ziehen in strengen Wintern an der Atlantikküste entlang bis nach Marokko. Ein Teil zieht auch über die Donauniederung in den nördlichen Mittelmeerraum. Die Saatgänse entwickeln Zugtraditionen und rasten dann alljährlich an den gleichen Orten und zu gleichen Zeiten. Im März ziehen sie zurück. Auf dem Zug stehen sie tagsüber auf stillen, weiten Feldern und Wiesen und übernachten auf dem Wasser ruhiger Seen, bei Frost auch auf dem Eis. Insgesamt überwintern in Europa einige 10000 Saatgänse, in Finnland brüten knapp 1000 Paare. Die Saatgänse führen wie ihre Verwandten eine Ehe auf Lebenszeit. Im Winter gehen die Partner in den großen Wanderscharen unter, aber zur Brutzeit sondern sie sich von ihren Artgenossen ab. Die Paarung findet auf dem Wasser statt. Nach der Paarung recken sich beide hoch aus dem Wasser und schlagen mit den Flügeln. Das Weibchen wählt die Nestmulde, meist unter Zweigen oder Baumwurzeln, und legt sie mit Halmen und reichlich Dunen aus. Brutbeginn ist je nach Nordlage zwischen Mitte Mai und Mitte Juni. Nur das Weibchen brütet und wird dabei vom Ganter bewacht. Die Gössel werden von beiden Eltern geführt. Ihr Dunenkleid ist olivbräunlich mit schwarzen Kopfstreifen. Im Alter von zwei Monaten sind sie beflogen und verlassen mit ihren Eltern das Brutgebiet. Die Familien halten bis zum Beginn der Balzzeit im nächsten Frühjahr locker zusammen. Alle Gänse sind Vegetarier, die ihre Nahrung hauptsächlich an Land suchen.

Bei der Balz schnippt der Erpel Wasser auf ein Weibchen

Die Krickerpel tragen von Oktober bis Juni ein Prachtkleid, das aus der Nähe bunt, aus der Ferne aber unauffällig grüngrau erscheint. Die Krickenten sind wohl die geschicktesten Flieger unter allen Enten, sie ziehen über Winter bis ins nördliche Afrika und kehren im März und April zurück. Auf dem Frühjahrszug treffen sich die Erpel zu einer gestenreichen Gemeinschaftsbalz, in der sie z. B. mit dem Schnabel Wasser gegen ein Weibchen schnippen. Alle Gesten werden für das menschliche Auge blitzschnell vorgeführt, aber die Vögel haben ein rascheres Reaktionsvermögen als wir, sie sehen das Leben gleichsam in ständiger Zeitlupe vorüberziehen. Die Weibchen erwählen dann ein Männchen und bleiben ihm bis in die Brutzeit treu verpaart. Das Weibchen legt als Nest einen kunstlosen Haufen Halme zusammen, dessen Mulde es dann im Laufe der Brutzeit mit Daunen füllt. Es hat die Gabe, aus dem Nest gerollte Eier mit dem Kinn wieder zurückzurollen. Nach 22 Tagen, der kürzesten Brutzeit bei allen Enten, brechen die Eier; die Jungen werden aber erst am nächsten Tag zum Wasser geführt. Anfangs schwimmen sie nur kurze Zeit umher und suchen Nahrung, dann verklammen sie und ziehen sich am Ufer zum Aufwärmen unter den Federmantel ihrer Mutter zurück. Die Kenntnis ihrer Artgenossen ist ihnen nicht angeboren, sondern wird in den ersten Lebensstunden erlernt: Von da an folgen und vertrauen die Gössel nur ihrer Mutter, und später werden die Erpel nur ihre weiblichen Artgenossen anbalzen. Dies plötzliche unverlierbare Lernen heißt Prägung. Im Sommer sind die Krickenten besonders vor- und nachmittags aktiv, im Winter verschmelzen die beiden Aktivitätszeiten zu einer mittäglichen. Sie sind Allesfresser, die ihre Nahrung vor allem nach der Partikelgröße auswählen.

Gebalzt wird auf dem Wasser, geliebt und gebrütet aber an Land

Als kleinster der Seetaucher ist er etwas größer als eine Ente. Er brütet gern auf küstennahen Seen, auch kleineren Moorgewässern, und fliegt zum Fischen auf das Meer hinaus. An Land bringt er es nur noch zu einem mühsamen Schreiten, lieber aber rutscht er auf dem Bauch und schiebt mit Beinen und Flügeln nach. Der Sterntaucher kann als einziger Seetaucher von Land aus abfliegen. Auch die Paarung erfolgt an Land, die Balz dagegen auf dem Wasser, wo die Taucher mit eigenartigen Kunstschwimmvorführungen zeigen, was sie können. Die Nester liegen dicht am Wasser, nicht selten in kleinen Kolonien. Die Brutplätze sind oft über viele Jahre hin von denselben Paaren besetzt. Beide Eltern lösen sich etwa alle acht Stunden beim Brüten ab. Die Brutzeit beginnt meist Anfang Juni und dauert etwa 25 Tage. Ende August werden die Jungen flügge. Der Sterntaucher ist ein Zugvogel mit leichtem und schnellem Flug. Den Winter verbringt er auf dem Atlantik bis nach Gibraltar hinunter. An den Küsten der Nord- und Ostsee ist er am ehesten im Oktober zu beobachten. Auf den Seen des Binnenlandes taucht er nur gelegentlich auf.

Nicht zu Unrecht heißt er: »Das Nickemänneken«

Wo immer unter Ufergebüsch ein schmaler Laufsteg am Wasser entlang führt, wo immer eine kleine Kiesinsel aus dem Wasser ragt, kann man, zumindest in der Zugzeit, mit dem Flußuferläufer rechnen. Meist bemerkt man ihn erst, wenn er auffliegt und dabei seinen Warnruf hören läßt, der etwa wie »hididi« klingt. Er fliegt so dicht über dem Wasser dahin, daß er beinahe mit den Flügelspitzen eintaucht. Hetzt ihn der Sperber, so stürzt er sich in die Fluten und rudert in der Tiefe mit seinen Flügeln weiter. Wenn er sich ungestört fühlt, trippelt er nach Bachstelzenart am Wasser entlang und wiegt dabei immer wieder seinen ganzen Körper (»Nickemänneken« der Belgier). Er stößt mit dem Schnabel nach einer Schnake wie der Reiher nach dem Fisch. Er fliegt so frühzeitig vom Nest – meist unter Weidengebüsch –, daß die Eier schwer zu finden sind.

Beim Flug in den Süden machen sie oft wochenlang Rast

Der Bruchwasserläufer brütet in baumlosen Sumpflandschaften mit seichten Schlammufern, wo das Nest meist auf einer von Wasser umgebenen Seggenbülte liegt. Über dem Brutgebiet zeigt das Männchen im Frühjahr eine Luftbalz mit Flatter- und Schwebeflug und zweisilbigen Rufreihen, die mit einem Sturzflug ausklingen. Beide Eltern brüten und verlieren dabei alle Scheu: Sie haben schon auf der unter die Eier geschobenen Hand weitergebrütet. Sind die Jungen erst geschlüpft, so kann das Männchen sie auch allein aufziehen. Der Bruchwasserläufer ist im August der häufigste Durchzügler an den Schlickufern im Binnenland. Ab Ende Juli erscheinen die Altvögel, Mitte September beenden die trüber gefärbten Jungvögel den Durchzug. Einzelne übersommern auch außerhalb ihres Brutgebietes. Sie ziehen einzeln oder in kleinen Gruppen. Tagsüber laufen sie hurtig und stochernd durch das Flachwasser und schwimmen auch bisweilen, wenn sie in ein Wasserloch treten. Zur kurzen Rast stehen sie auf einem Bein, den Schnabel im Rückengefieder geborgen. Vor dem Abfliegen erstarren sie und werfen sich dann mit einem hellen, mehrsilbigen Ruf in die Luft. Der Herbstzug wird oft in die Länge gezogen und an günstigen Orten für Wochen unterbrochen; eines Abends kommt dann aber doch die Zuglust über sie, sie steigen in den Abendhimmel hoch, bis das Auge sie verliert. Der Rückzug im April und Mai erfolgt sehr viel hastiger.

Das höchste Glück der Jungen: auf dem Rücken der Mutter

Der Haubentaucher wirkt durch seinen langen Hals und die Federohren mehr als entengroß, ohne es zu sein. Er ist eine Zierde fischreicher, ruhiger Gewässer, die möglichst einen breiten Schilfsaum haben sollten. Im März erscheint er im Brutrevier, und von da an sieht man täglich das Paar bei seinen ausdrucksvollen Balzvorführungen. Da wird symbolisch Nistmaterial heraufgetaucht und dem Partner vorgezeigt, da richtet man sich Brust an Brust im Wasser auf, spreizt den prachtvoll rostroten Federkragen, umschlingt den Hals des Partners und schlägt mit den Flügeln. Alles gemeinsam - ein Herz und eine Seele. Später, im Mai, lösen sich die Partner auch beim Brüten ab. Das Nest, ein schwimmender, durch und durch nasser Haufen von Wasserpflanzen und verrottendem Schilf, ist zwischen vorjährigen Halmen im Röhricht verankert. Es muß ständig ausgebessert werden. Die Jungen werden auf dem Rücken der Eltern »spazierengefahren« und notfalls unter den Flügeln beim Tauchen mitgenommen. Sie werden mit Fischchen und Wasserinsekten gefüttert - und seltsamerweise auch mit Federn, die sich die Taucher aus dem Gefieder nesteln oder von der Wasserfläche aufsammeln.

Die »Schulzeit« der jungen Flußseeschwalben dauert 4 Wochen

Der Name paßt eigentlich nicht mehr: Wasserbau und Badebetrieb haben die Flußseeschwalben von ihren meisten Brutplätzen im Binnenland vertrieben, an den Meeresküsten aber gibt es noch genug Raum für volkreiche Kolonien. Die Flußseeschwalbe brütet mit Vorliebe auf Kiesinseln, die nicht oder nur so dürftig bewachsen sind, daß der Brutvogel freie Rundumsicht hat. Das Nest ist meistens eine Mulde ohne Unterlage.

Wie bei allen Seeschwalben brüten beide Eltern abwechselnd. Die Jungen sind anfangs noch sehr unbeholfen und lassen den angebotenen Fisch oft aus dem Schnabel fallen, erst am 4. Tag können sie ihn wieder aufheben. Später lernen sie die Stimmen ihrer Eltern erkennen und laufen ihnen entgegen. Sie schlucken dann auch Fische, deren Schwanz ihnen noch aus dem Schnabel pendelt, wenn der Kopf schon im Magen verdaut wird. Wenn in diesem Zustand eine Raubseeschwalbe nach dem Fisch stößt, so kann es vorkommen, daß sie den an ihm hängenden Jungvogel gleich mitnimmt. Mit drei bis vier Wochen sind die Jungen flügge. Bei der Jagd streicht die Flußseeschwalbe etwa 15 Meter hoch mit weit ausholenden Flügelschlägen, die den ganzen Körper hochwerfen, über das Wasser, den rotschwarzen Schnabel steil nach unten gerichtet. Oft steht sie lange im Rüttelflug über einer Stelle, dann stößt sie mit angelegten Flügeln ins Wasser, das über ihr zusammenschlagen kann. Der Auftrieb wirft den korkenleichten Vogel aber gleich wieder an die Oberfläche. Die Beute wird im Schnabel transportiert. Auf dem Boden bringt es die Flußseeschwalbe nur zu einem unbeholfenen Trippeln. Sie schwimmt schlecht, kann aber auf dem Wasser ruhen.

Seeschwalben, die lachen können, werden immer seltener

Um die Jahrhundertwende, als man unter Vogelkunde noch vor allem das Sammeln von Bälgen und Eiern verstand, wurde die Lachseeschwalbe im deutschen Binnenland ausgerottet. Heute hört man ihre lachende Stimme allenfalls noch auf einigen Inseln an der Nordseeküste und vom Mittelmeer an nach Osten. Sie brütet auf Kiesbänken und fischt im Seichtwasser, stößt aber nur selten nach Fischen und sucht ihre Nahrung vornehmlich über Wiesenland: Sie greift ihre Beute, Mäuse, Eidechsen, Jungvögel und Insekten, im Flug vom Boden und fällt in den Kolonien anderer Seeschwalben unangenehm als Nestplünderer auf.

Dreimal wechseln die Beine die Farbe: Grün, Rosa, Blutrot

In der Sonne leuchtet das Gefieder des Schwarzstorchs purpurn, goldgrün und kupferfarben auf. Beine und Schnabel sind im ersten Jahr grünlich, im zweiten blaßrosa und werden mit Eintritt der Geschlechtsreife, im dritten, blutrot. In Deutschland ist der Schwarzstorch ein Kulturflüchter, der nur noch überaus selten in einsamen, abgelegenen Wäldern vorkommt, wo er seine großen Reisighorste auf sperrigen, vorzugsweise wipfeldürren Bäumen anlegt. Im Osten ist er weniger menschenscheu und auch häufiger: dort fischt er im Dorfteich oder im Wiesenbach, während der Bauer nahebei seine Arbeit verrichtet. Wo keine Bäume wachsen, brütet er in Felsenhorsten, die er alljährlich von neuem benutzt und aufstockt. Der Schwarzstorch, mehr Fischfresser als sein weißer Verwandter, jagt besonders gern in Bächen, weil er dort kaum Gegner hat.

Zur Balzzeit klingen ihre Stimmen wie »Trompetengeschmetter«

Der Kranich braucht als Lebensraum offene Ebenen, in denen sumpfige und trockenere Stellen wechseln. In der Bundesrepublik findet er nur noch verschwindend selten einen geeigneten Brutplatz, und die etwa 20 heimischen Paare sind zudem von Eiersammlern bedroht und müssen bewacht werden. Die deutschen Paare treffen - oder besser: trafen vorzeiten - im März am Brutplatz ein. Vor der Paarung begleitet das Männchen sein Weibchen mit großen, »prahlerischen« Schritten. Dazu wird getanzt, wie überhaupt immer, wenn die Vögel erregt sind. Sie tanzen einzeln oder in Gruppen, mit Verbeugungen, Flugsprüngen und Hochwerfen von Nistmaterial. Das Nest, nur lose gebaut, wird so angelegt, daß es von Wasser umgeben ist. Während der eine Partner brütet, hält der andere in der Nähe Wache. Ist dann das erste Junge geschlüpft, so wird es vom Vater betreut, während die Mutter noch auf dem zweiten Ei sitzt. Beide Eltern brüten. Bei der Wachablösung lassen sie ihre trompetenartige Stimme hören. Die Jungen sind Nestflüchter. Sie werden mit 9 bis 10 Wochen flügge, aber die Familie hält noch bis in den Winter zusammen. Im August und September treffen sich die Kraniche an uralten Sammelplätzen, z. B. an den Müritzseen in Mecklenburg. Sie übernachten am Nordufer des Hauptsees im Seichtwasser stehend. Im Oktober brechen sie dann gemeinsam auf und ziehen auf einer engen Zugstraße südwärts. Insgesamt überfliegen im Herbst rund 20000 Kraniche die Bundesrepublik.

Nur in Gemeinschaft sind sie beim Fischfang erfolgreich

Sein Gefieder schimmert zart lachsrosa überhaucht, so daß er auch von ferne leicht vom grauen Krauskopfpelikan zu unterscheiden ist, in dessen Gesellschaften er sich niemals mischt. Er fliegt trotz seiner Größe mühelos. Im Aufwind kreisend, schraubt er sich hoch, und seine Scharen ordnen sich auf Streckenflug zu vielfach gestaffelten und sich ständig verschiebenden Linien. Sein Flügelschlag gleicht einem Schwimmen im Luftmeer. Nur 650 Gramm wiegt das Knochengerüst – bei einem Gesamtgewicht von 10000 Gramm! Die Pelikane können nicht tauchen, daher jagen sie am erfolgreichsten im Flachwasser. Nur in Gemeinschaft sind sie erfolgreich. Sie kreisen einen Fischschwarm ein, drängen die Fische mit Flügelschlägen zusammen, ziehen den Kreis immer enger und stoßen schließlich gleichzeitig die Schöpfschnäbel in das von Fischleibern brodelnde Wasser. Sie erbeuten Fische bis zu zwei Kilo Gewicht. Auf dem Wasser schwimmen sie korkenleicht, auf dem Land aber taugen ihre Ruderfüße nur zu einem mühsamen Watscheln; sie können sich nur vom Wasser aus und nach einem längeren Anlauf in die Luft erheben. Im Zoo, wo ihnen dieser Anlauf fehlt, braucht man ihre Flügel nicht zu stutzen. Pelikane machen alles gemeinsam. In ihren Brutkolonien in Schilfwildnissen oder auf Auwaldbäumen brüten meist auch andere Wasservögel, etwa Reiher, Ibisse und Kormorane. Die Jungen kommen schwarz und nackt zur Welt.

Die Mutter verläßt ihre Jungen, lange bevor sie fliegen können

Im Norden bis an die Waldgrenze, im Süden bis nach Mitteleuropa, brütet an Seen und Strömen die Schellente; in der Taiga ist sie die häufigste Ente überhaupt. Sie ist ein Höhlenbrüter, der sich eben noch in eine Schwarzspechthöhle zwängen kann, aber auch in bis zur Wurzel ausgefaulten Bäumen brütet, so daß man sich fragen muß, wie die frisch geschlüpften Entchen später in dem bis zu 5 Meter hohen Kamin zum Ausschlupf hochklettern können. Wenn aber die Ente sie von draußen ruft, so springt eines nach dem anderen in die Tiefe. Vor ihnen liegt dann, wenn die Bruthöhle weit vom Wasser entfernt lag, ein manchmal kilometerlanger Fußmarsch.

Die Entchen sind aber gleich sehr selbständig und werden schon nach zwei bis drei Wochen, lange bevor sie fliegen können, von der Mutter verlassen. Den Winter verbringen die Schellenten auf Seen und Strömen in Mitteleuropa, wo sie tauchend ihre Nahrung suchen. Dabei drehen sie Steine am Gewässergrund um und verschlucken die Beute gleich unter Wasser. Im März ziehen sie zurück ins Brutrevier.

NADELWÄLDER, LAUBWÄLDER, MISCHWÄLDER,

In den Wäldern pulsiert das Leben der Vögel im 24-Stunden-Takt. Wenn die einen bei Sonnenuntergang schlafen gehen, erwachen die anderen zu ihrem nächtlichen Leben bis zum Sonnenaufgang. Im Licht des Tages ist der Wald erfüllt von dem Zwitschern und dem Gesang der einen. In der Nacht herrscht völlige Stille, denn das Leben der Eulen und Käuze kennt weder Lärm noch Gesang.

Das Hämmern der Spechte gehört zu den Geräuschen des Waldes wie das sanfte Rauschen der Blätter an den Zweigen im Wind. Mit rauschendem Flügelschlag fliegen Spechte einen Baumstamm an, klammern sich an seinem Fuß in die Rinde und suchen mit Augen, Schnabel und Zunge die Rindenritzen nach Insekten oder Larven ab – bis in die letzten Wipfel in der Krone des Baums. Ein wahres Wunder ist die Bruthöhle des Spechts. Sie liegt hinter einem körperengen Eingang, der zuerst etwas nach oben führt, damit es in die Bruthöhle nicht hineinregnen kann. Dann geht der Gang im scharfen Knick direkt nach unten.

An den Eulen und Käuzen scheint etwas unheimlich zu sein: die funkelnden Glühaugen, der rätselhafte Gesichtsschleier, der lautlose Flug, die schauerlich tönenden Stimmen. Eulen und Käuze sind auf eine fast wunderbare Weise für ihre nächtliche Jagd – meist Mäuse – eingerichtet. Ihr Auge ist bei Nachtlicht um ein vielfaches leistungsfähiger als jedes andere Auge von Mensch oder Tier. Sie scheinen bei Mondlicht etwa so gut zu sehen wie wir am hellen Tag. In vollkommener Dunkelheit hilft dann das extrem feine Gehör, zielsicher, auf den Millimeter genau, jedes Geräusch zu orten. Keine Beute entgeht ihnen. Nach dem Ausfliegen werden die Jungen noch bis zu drei Monaten mit Futter versorgt. So lange dauert es, bis sie die schwierige Nachtjagd genügend beherrschen, um für sich selbst sorgen zu können.

Mit der klebrigen Zunge angelt der Grauspecht sich Ameisenbrut

Der Trommelwirbel der Spechte ist ihre »Erkennungsmelodie«: Durch sie erfährt ein Specht, ob ein Revier schon von einem Artgenossen beansprucht wird; mit ihr lockt er das Weibchen an und zeigt ihm die Bruthöhle. Darum kann auch der Mensch am Trommeln allein die Art bestimmen. Der Wirbel des Grauspechtes enthält 30 Schläge und dauert 1,3 bis 1,5 Sekunden. Dazu vernimmt man das ganze Jahr hindurch seine »vertropfenden« Rufreihen, vor allem aber von März bis Juli. Die Bruthöhle zimmern beide Partner in kernfaule Stämme, meist niedrig über dem Boden. Das Futter bringen sie nicht, wie die Buntspechte, im Schnabel, sondern im Vormagen. Die Bettellaute der Jungen erinnern an das Brummen von Hornissen. Die Jungen sehen schon beim Ausfliegen den Eltern ähnlich, und man kann dann auch schon die Geschlechter unterscheiden, was bei flüggen Singvögeln sonst kaum möglich ist. In der Ruhe sitzt der Grauspecht quer auf den Ästen, dreht sich aber in deren Längsrichtung, wenn er sich beunruhigt fühlt. Bei noch stärkerer Störung zieht er sich auf die Rückseite eines Stammes zurück und klettert dort eilig in die Höhe. Die Hauptnahrung der Grauspechte besteht aus Ameisen und deren Brut, die sie mit ihrer klebrigen Zunge anleimen und in den Rachen ziehen. Im Winter treiben sie manchmal tiefe Tunnel in die Ameisenhaufen, um bis zu den verklammten Insekten vorzudringen. Dabei begeben sie sich in große Gefahr, und nicht selten zeugen einige grüne Federn und etwas rotes Blut auf dem Schnee zu Füßen einer Ameisenburg von einer Tiertragödie im Winterwald. Meistens war der Fuchs der Täter, der sich den Specht holte.

Die Bruthöhle des Grünspechts ist genau nach Maß gezimmert

Der Rotköpfige mit dem goldgelben Rücken hält sich vor allem in alten Obstgärten, Auwäldern und Parkanlagen auf. Hier hört man rund um das Jahr seine lachenden Rufreihen, die der Revierabgrenzung dienen. Aber er trommelt nur wenig. Der Grünspecht sucht seine Nahrung gerne als »Erdspecht« am Boden. Er gräbt armtiefe Gänge in Ameisenhaufen und leimt die zur Verteidigung ausrückenden Heerscharen an seine klebrige Wurmzunge. Er hat sogar schon Bienenstöcke aufgemeißelt. Beim Klettern stützt er sich wie andere Spechte auf seine starren Schwanzfedern, die in weiser Anpassung bei der Mauser erst dann ausfallen, wenn neben ihnen die neuen Federn gewachsen sind. Beide Eltern hämmern sich in wochenlanger Arbeit eine Nisthöhle in morsches Holz. Auch die Umgebung des Fluglochs wird bearbeitet, und die Spuren verraten die Bruthöhle. Beide Eltern brüten und füttern, gehen sich aber sonst nach Möglichkeit aus dem Wege. Grünspechte brüten auch gerne in Nistkästen, erweitern dann notfalls das Schlupfloch und räumen die Nester der Vormieter aus. Sie schlafen auch im Winter in ihren Höhlen.

Dreizehenspecht

Wenn Spechte trommeln, grenzen sie ihre Reviere ab

Der normale Vogelfuß hat vier Zehen, von denen bei den Lauf- und Schwimmvögeln einige zur Verkümmerung neigen. Auch die Spechte haben vier Zehen, von denen sie beim Klettern zwei nach vorn und zwei nach hinten wenden, was einen sicheren Griff erlaubt. Beim Dreizehenspecht aber ist merkwürdigerweise eine der Zehen verkümmert. Der Dreizehenspecht lebt in den Alpen, in der Nadelwaldzone zwischen 1000 und 1600 Meter Höhe. Im April trommelt er mit Eifer, und sein Wirbel dauert länger als der des Buntspechtes. Beide Partner meißeln in kernfaule Fichten ihre Bruthöhle, die oft nur brusthoch, aber auch bis zu 12 Meter hoch liegen kann. Beide brüten und füttern später etwa alle 20 Minuten. Am Nest zeigen sie sich sehr vertraut. Wie andere Buntspechte »ringelt« der Dreizehenspecht in der Zeit des Saftauftriebes manche Fichten: Er schlägt rund um den Stamm kleine Löcher in die Rinde und trinkt den austretenden Saft, den er auch seinen Jungen zuträgt.

Zwergspecht

Sein Trommelwirbel enthält etwa 30 Schläge pro Sekunde

Obwohl er selber nur eine Spatzenportion – kleiner als der Haussperling! –, verlangt der Kleinspecht doch einen großen Lebensraum mit viel morschem Holz, wie er es in Auwäldern oder alten weitläufigen Parkanlagen findet. In den undurchdringlichen Eichengestrüppen Dalmatiens ist er der häufigste Specht. Männchen und Weibchen zimmern gemeinsam die Bruthöhle mit einem Flugloch von 32 mm Durchmesser, wie es auch die Kohlmeise schätzt. Das Nest liegt meist sehr hoch in morschen Seitenästen. Am ehesten findet man es, wenn die Jungen pausenlos ihre klickenden Stimmen hören lassen. Trotz seiner Kleinheit ist der Kleinspecht ein tüchtiger Trommler: Sein Wirbel dauert eine Sekunde und enthält etwa 30 Schläge, so daß der Mensch davon nur einen Summton vernimmt.

In der »Spechtschmiede« werden Nüsse gespalten und Vögel zerlegt

Der Große Buntspecht ist in Deutschland, von der Tiefebene bis zur Waldgrenze, in jeder Art von Wald, in Parkanlagen und Obstgärten der häufigste Specht. Im Frühjahr trommeln Männchen und Weibchen auf mitklingenden dürren Ästen, die vorher sorgfältig auf ihre Klangqualität geprüft worden sind. Die Vorstadtspechte entdecken auch die Vorteile der »Blechmusik« und trommeln auf Dachrinnen und anderen metallenen Klangkörpern. Das Trommeln dient der Revierabgrenzung. Ein Wirbel enthält 12 bis 18 Schläge pro Sekunde. Beim Trommeln schlägt der Specht senkrecht auf die Unterlage; auf der Suche nach holzbohrenden Insekten aber spaltet er mit seitlichen Schlägen Splitter ab. Im Winter sind Samen aus Zapfen und Nüssen seine Hauptnahrung. Er meißelt den Zapfen vom Zweig, fängt ihn mit dem Schnabel auf und trägt ihn zur »Spechtschmiede«, einer ausgearbeiteten Rindenritze, wo er den Zapfen einklemmt, zerlegt und entsamt. Haselnüsse spaltet er mit wenigen Schlägen. Zur Brutzeit macht er sich als Nestplünderer bei Frei- und Höhlenbrütern unbeliebt. Er meißelt die Nisthöhlen der Meisen auf oder packt die Jungvögel, wenn sie in der Erwartung von Futter den Kopf aus dem Eingang strecken. Größere Jungvögel zerlegt er in seiner Spechtschmiede. Nur ausnahmsweise kommt er auf den Erdboden, zeigt sich aber oft am winterlichen Futterhaus. Im Frühjahr meißelt er in kernfaule Stämme eine Bruthöhle mit einem Schlupfloch von etwa 45 mm Durchmesser. Die Jungen pflegen im Schutz der Höhle einen ohrenbetäubenden Lärm zu machen. Kurz vor dem Ausfliegen schnurren sie wie an einer Schnur aus dem Flugloch, wenn man an den Brutbaum klopft. Sie landen niedrig und klettern sofort mit großer Geschwindigkeit in die Wipfelregion. Die Spechte schlafen auch später im Winter in ihren Höhlen.

Sie sind einander zwar treu, aber sie gehen sich aus dem Weg

Der Mittelspecht lebt meist in Eichen-Hainbuchen-Wäldern, wo er neben dem Großen Buntspecht vorkommt. Als Nahrungsspezialist duldet er keine Artgenossen im Revier, und seine schwarz-weiß-rote Färbung, seine heiser miauende Stimme und sein Trommeln sollen den Rivalen deutlich machen, wer hier der Herr im Walde ist. Er benützt seinen besonders spitzen Schnabel vor allem dazu, die Bohrgänge von Holzinsekten freizulegen; dann stößt er seine mit Widerhaken besetzte Zunge bis auf vierfache Schnabellänge in den Gang und zieht das harpunierte Insekt heraus, indem die Zunge durch Federkraft wieder zurückschnellt. Auch außerhalb der Fortpflanzungszeit duldet er sein Weibchen in seinem Revier, aber die Partner gehen sich aus dem Wege. Die Bruthöhle wird stets in angefaultes Holz geschlagen, manchmal von unten in fast waagrechte Äste; das Schlupfloch ist 40 mm weit. Die Eier sind, da sie keiner Tarnfarbe bedürfen, rein weiß wie bei allen Spechten. Die Altvögel füttern in der Dunkelheit der Höhle, indem sie zunächst die Schnabelränder der Jungen berühren, und diese schnappen dann nach dem Schnabel, der das Futter bringt. Schon die halbwüchsigen Jungen sitzen nicht mehr auf dem Höhlenboden, sondern hängen innen an den Wänden. Da seine Nahrungsquellen auch im Winter nicht versiegen, kann der Mittelspecht wie seine Verwandten auf eine Reise in den Süden verzichten.

Niemand weiß, warum Kuckuckseier in fremden Nestern liegen

Ein Kuckucksei ist sprichwörtlich ein fremdes Gut, das einem untergeschoben wurde, und das man womöglich noch pflegt, als sei es echtes Eigentum. Genau so verfährt das Kuckucksweibchen mit seinen Eiern: Es spioniert fremde Nester aus und belegt sie im unbewachten Moment mit einem Ei. Wehe, wenn die Vogeleltern den Betrug nicht bemerken und normal zu brüten beginnen! Dann schlüpft noch vor den eigenen Kindern der junge Kuckuck, lädt sich seine kleineren Stiefgeschwister auf den breiten Rücken und wirft sie aus dem Nest, so daß er dort nach einigen Tagen der Alleinherrscher ist. Die Vogeleltern kennen ihre Jungen nicht, sie füttern daher arglos den jungen Kuckuck. Er frißt allein so viel wie die ganze Kinderschar und wächst dabei ähnlich schnell: Wenn er am 20. Tag das Nest verläßt, hat er mit rund 100 Gramm sein Endgewicht erreicht. Im Herbst zieht der Kuckuck völlig allein den weiten Weg nach Afrika und kehrt im April wieder in seine engere Heimat zurück. Wenn man dann den ersten Kuckucksruf vernimmt, kann man sicher sein, daß der Frühling mit seiner vollen Kraft eingesetzt hat.

Ein Gesicht wie gemalt: weißer Bart und leuchtendgelbe Iris

Der Bartkauz ist eine Großeule der nordeurasischen Waldzone. Er bleibt, wie es die Mitternachtssonne und die Polarnacht erfordern, bei Tag und Nacht aktiv. Den Menschen kennt er nicht als Feind, er zeigt ihm gegenüber wenig Scheu. Er schlägt Vögel bis zur Größe des Auerhahns und Säugetiere bis zum Hasen, seine Hauptbeute aber sind die Lemminge. Das Nest liegt in alten Greifvogelhorsten oder auch in Baumhöhlen, meist tief in urigen, flechtenbehangenen Fichtenwäldern. Am Nest versucht er, den Eindringling mit gewagten Angriffsflügen zu vertreiben, und schon mancher Jagdhund suchte vor ihm sein Heil in der Flucht. In die Enge getrieben, wehrt er sich mit Aufplustern, Radschlagen, das ihn bedrohlich erscheinen läßt, und dem Schnabelklappern aller Eulen. Nur das Weibchen brütet, und zwar sehr fest. Die Jungen verlassen das Nest, noch ehe sie richtig fliegen können, und verbergen sich in der dichtesten Vegetation. Der Bartkauz bleibt auch im Winter in seinen unter Eis und Schnee erstarrenden Wäldern.

Im wellenförmigem Flug nachts von Warte zu Warte

Der Steinkauz, als Standvogel voll der Winternot ausgeliefert, wird erst in Südeuropa häufig. Dort wird er schon vor Sonnenuntergang rege, fliegt in wellenförmiger Bahn von Warte zu Warte und lauert auf seine Beute, die bei Tage vor allem aus Insekten besteht. In der Dunkelheit überrumpelt er aber auch die nachtblinden Lerchen und schlägt Mäuse, die er unzerkaut hinunterwürgt. Seine Stimme ist so wandlungsfähig, daß man es kaum für möglich hält, wie ein Vogel so viele Laute hervorbringen kann. Das Weibchen brütet in Höhlen aller Art, gern in Kopfweiden und Nistkästen, aber auch in Ruinen, Brunnenschächten und Kaninchenbauen. Das Männchen versorgt es mit Nahrung und stapelt manchmal Berge von Mäusen vor ihm auf. Oft wird über Jahre die gleiche Höhle bezogen. Das Weibchen sitzt so fest auf den Eiern, daß es schon mit den Händen gegriffen wurde. Bei Tage versammeln sich alle anderen Brutvögel der Umgebung um einen offen sitzenden Steinkauz und schreien ihn erbittert an. Dies wird den Vögeln in Italien zum Verhängnis: Der Vogelfänger steckt rund um den offen angefesselten Kauz Leimruten als einladende Sitzgelegenheit in den Boden. Die erzürnten Vögel lassen sich darauf nieder, bleiben zunächst nur mit den Füßen kleben, berühren aber auffliegend die Ruten mit den Flügeln und verleimen sich immer mehr mit der klebrigen Masse. Heute ist die Vogeljagd mit dem »Wichtel« nur noch wenig in Gebrauch, da auch in Italien an Steinkäuzen inzwischen großer Mangel herrscht.

Ein Winzling nur, aber bei der Jagd ein wilder Draufgänger

Das starengroße Eulchen schlägt Mäuse und Kleinvögel und gilt bei der Jagd, vielleicht gerade wegen seiner Kleinheit, als wilder Draufgänger. Von den geschlagenen Vögeln läßt es Beine, Federn und größere Knochen zurück, sonstiges Unverdauliche wirft es, wie alle anderen Eulen, als Gewölle durch den Schnabel aus. Vom Schädel der Beutetiere sind in den Gewöllen nur noch Splitterchen zu finden. Der Sperlingskauz liebt Mischwald mit eingestreuten Altholzinseln. Auch Nadelwald muß in der Nähe sein, da er nur hier seine Winternahrung, Meisen und Goldhähnchen, finden kann. Er scheut die Nähe der Menschen nicht und holt auch Beute am Futterhaus, wo er sogar die Drossel niederkämpft. In den Tallagen wird er zumeist durch seinen Hauptfeind, den Waldkauz, verdrängt. Von März bis Juni, vor allem aber im April, »singen« die unverpaarten Männchen in der Abenddämmerung, aber auch schon vor Sonnenuntergang, ihren Balzruf, manchmal bis zu 6000 mal am Tag. Sie verstummen erst mit dem Beginn der Brutzeit. Im Frühjahr und auch wieder im Oktober kann man sie mit dem vom Tonband abgespielten Balzruf bis auf wenige Meter heranlocken. Sie setzen sich dann auf freie Zweige und schlagen in der Erregung mit dem Schwanz.

Das hübsche Federhäubchen gab der Haubenmeise den Namen

In Mitteleuropa lebt die Haubenmeise meist in der Wipfelzone der Nadelwälder und verrät sich meist nur durch ihren einprägsamen Lockruf, der wie »Zigürr« klingt. Gelegentlich sucht sie aber auch am Waldboden nach Futter. Im Süden findet man sie in Eichen- und Buchenwäldern. In der Paarungszeit füttern sich die Partner gegenseitig. Dabei bettelt einer den anderen nach Art der Jungvögel mit Flügelschwirren an und ahmt die Bettelrufe der Jungen nach. Eine Meise, die jetzt nicht den richtigen Füttertrieb zeigt, wird also keinen Partner finden. In Waldnähe erscheint die Haubenmeise auch am Futterhaus. Sie schleppt dann einzelne Futterbrocken fort, versteckt sie in einer nahen Ritze und bedeckt sie mit einem Rindenstückchen. Harte Samen klemmt sie zwischen ihre Füße und hackt sie durch die Zehen hindurch mit dem Schnabel auf.

Nur zum Brüten kommt der Pirol aus tropischen Urwäldern zu uns

Die Verwandten dieses Fremdlings in der europäischen Vogelfauna leben in den Urwäldern der Tropen in Afrika und Asien. Unser Pirol kommt eigentlich nur kurz zum Brüten nach Mitteleuropa. Ab Mitte Mai hört man seinen melodischen Ruf aus den Baumwipfeln, wird den Rufer aber nur ausnahmsweise einmal sehen; denn er verbirgt sich geschickt hinter Blättern und kommt nie auf den Waldboden herab. Er fliegt gewandt in dichtestem Gezweig und trinkt wie die Schwalben im Tiefflug über dem Wasserspiegel. Beide Eltern errichten meist hoch in großblättrigen Bäumen das unvergleichliche Pirolnest: Sie reichen sich Bastfäden, Teile von Schlingpflanzen und Grasbänder zu, speicheln sie ein und winden sie in eine Astgabel, bis ein tiefer Hängekorb entsteht. Das Nest ist derart solide gebaut, daß es noch in den winterkahlen Bäumen hängt. Meist wird im nächsten Jahr ganz in der Nähe ein neues gebaut. Das gelbschwarze Männchen läßt sich mit dem Pirolruf anlocken, auch die Stare beherrschen ihn und mischen ihn unter ihr Geschwätz. Die Jungen krallen sich von Anfang an so fest in die Nestmulde, daß kein Sturm sie herauswerfen kann. Von den Eltern, die auch beide brüten, werden sie energisch gegen Nesträuber verteidigt. Die Jungen tragen nach dem Ausfliegen das Weibchenkleid und bleiben bis zur Ankunft in der Winterherberge als „Kinderfamilie“ zusammen. Bis zum letzten Augustdrittel kehren Pirole in ihre tropische Urheimat zurück.

Der faule Tauber brütet immer nur von 10 Uhr bis 15 Uhr

Vor Beginn der Holzwirtschaft war die Hohltaube bei uns stellenweise die häufigste Taube. Als strenger Höhlenbrüter findet sie in unseren zur »Holzfabrik« umfunktionierten Wäldern aber keine Nisthöhlen mehr und wird daher immer seltener. Nur wo lichte Laubwälder an Felder grenzen, kann man ihr noch Nistkästen anbieten. Sie sollen etwa armtief sein und das Flugloch so weit, daß man mühelos mit dem Arm hineingreifen kann. Ein Kasten in 8 Meter Höhe an einem astlosen Stamm hat die besten Chancen. Da die Hohltauben ihre zweite Brut in einem anderen Nest aufziehen müssen – das erste hinterlassen sie in einem unbeschreiblichen Zustand –, so hängt man am besten immer zwei oder drei Kästen benachbart auf.
Die Hohltaube baut sich in der Höhle noch ein Reisignest, eine letzte Erinnerung an ihre Vergangenheit als Freibrüter. Der Tauber brütet von etwa 10 bis 15 Uhr, die Taube die übrige Zeit. Die Jungen werden etwa acht Tage gehudert und mit Kropfmilch gefüttert. Wenn sie ausfliegen, fehlt ihnen noch der Grünschiller im Halsgefieder. Die Hohltauben übernachten auch außerhalb der Brutzeit am liebsten in Höhlen, sogar in Kaninchenbauen.

Der Balzplatz der Auerhähne hat 100 Meter Durchmesser

Der Auerhahn ist eigentlich ein Bewohner offener Moorlandschaften, wurde aber in Mitteleuropa in die Waldungen abgedrängt. Auffliegend wird er ein Schnellstarter, der nur in Kurven schlecht fliegen kann und sich im Hochwald früher oder später an einem Baum das Genick bricht. Berühmt ist die Auerhahnbalz. Sie beginnt zögernd im März, erreicht etwa am 25. April ihren Höhepunkt, bei Kälte eine Woche später, und klingt bis zum 10. Mai aus. Der Hahn kommt abends zu Fuß zum Balzplatz, fliegt zum Schlafen auf einen Baum und balzt dort noch ein wenig vor sich hin. Im ersten Morgendämmern legt er wieder los, Hennen kommen dazu, später springt er auf den Boden und wandelt nun auf dem Balzplatz umher, der etwa 50 bis 100 Meter Durchmesser hat. Gerne steigt er dekorativ auf einen Baumstumpf oder einen Felsen. Er tritt an einem Morgen bis zu drei Hennen, (wie man die Paarung bei den Vögeln nennt), die sich zur Paarungsaufforderung vor ihm niederducken. An den Hauptbalztagen treibt er es bis weit in den Vormittag. Immer wieder wird von balztollen Auerhähnen berichtet, die alle Scheu vor dem Menschen verlieren und ihn sogar anspringen. Die Henne zieht ihre Küken allein auf und bringt von einer erfolgreichen Brut etwa fünf Junge in den Herbst, in der Überzahl Hennen, weil die Hahnenküken anfälliger sind. Das Auerhuhn ist im Sommer ein reiner Bodenvogel, der sich von Beeren, Knospen und Trieben ernährt und nur zum Schlafen »aufbaumt«. Im Winter wird es aber ein Baumvogel, der als Notnahrung mit Kiefernnadeln vorlieb nimmt. Es verdaut sie mit Hilfe seiner Darmbakterien. Es verschluckt auch regelmäßig Steine, die im Magen die Verdauung unterstützen; sie wurden früher als »Auerhahnperlen« zu jagdlichem Schmuck verarbeitet.

40 Minuten nach Sonnenuntergang beginnt der Ruf des Männchens

Der Rauhfußkauz, eine reine Waldeule, harrt auch im strengen nordischen Winter in seinem Brutrevier aus. In Deutschland bewohnt er die höheren Mittelgebirge, die Alpen und die Lüneburger Heide, den Laub- und Nadelwald. Manchmal schon im Herbst, besonders eifrig aber im Spätwinter, singen die Männchen etwa ab 40 Minuten nach Sonnenuntergang ihre eintönigen Rufreihen, in windstillen, mondhellen Frühlingsnächten bis weit in die Nacht. Tagsüber verbergen sich die Käuzchen in dichtestem Gezweig. In der späten Dämmerung jagen sie dann in Waldlichtungen auf Mäuse, weniger auch auf Vögel und Insekten. Die Mäuse hören sie auf 50 Meter, den Menschen fürchten sie nicht und lassen ihn auf wenige Meter nahekommen. Sie dulden es auch, daß man sie mit einer Lampe anstrahlt, und zeigen dann rotglühende »Katzenaugen«. Sie brüten meist in Schwarzspechthöhlen und nehmen auch Nistkästen mit einem Flugloch von 8 bis 10 cm Weite an. Während der Brutzeit schaut das Weibchen aus dem Eingang, wenn man unten am Stamm kratzt; nur wenn die Jungen schlüpfen, ist es nicht „zu sprechen". Ihr Hauptfeind ist der Steinmarder, der Brut samt Brutvogel tötet. Darum herrscht bei den Rauhfußkäuzen auch ein Überschuß an Männchen. Die Jungvögel verlassen die Höhle noch flugunfähig.

FEUCHTWIESEN, SUMPF UND SCHILF

Für den Menschen gelten sie oft als unheimliche Landschaften, durch die nur selten Wege führen. Hier liegen die immer kleiner werdenden Reservate für Vögel, die nur selten eines Menschen Auge erblickt. Einst, vor 1000 oder 10 000 Jahren, war hier eine Seenlandschaft. Doch die Seen verlandeten nach und nach, das offene Wasser ging allmählich zum Sumpf über, der schließlich Moor wurde. Am Rande der einstigen Seen bildete sich mehr und mehr Schilf, oft so dicht wie ein Urwald, undurchdringlich für den Menschen, für manche Vogelarten ein letztes Refugium. Winzlinge gehören zu ihnen wie Zwergrohrdommel, Teichrohrsänger und Rohrammer, Schilfrohrsänger, Rohrweihe und die Wasserralle. Die typischen Rallen haben einen seitlich stark zusammengedrückten Körper, der sie befähigt, durch das dichteste Schilfdickicht zu schlüpfen. Ihre Beine und vor allem ihre Zehen sind sehr lang und verhindern auf Schlick und Schwimmpflanzen das Einsinken. Viele Eigenarten der Rallen deuten darauf hin, daß sie nahe mit den Kranichen verwandt sind. Noch vor wenigen Jahren war der Kranich Stammgast in diesem Lebensraum von Feuchtwiese, Schilf und Sumpf. Heute leben nur noch knapp fünfzehn Paare dieses legendären Vogels in geschützten Reservaten in Niedersachsen und Schleswig-Holstein. Der Zug der Kraniche im Herbst gehört aber noch immer zu den erregensten Naturschauspielen. Mit trompetenartigen Rufen machen sie, in der berühmten Keilformation fliegend zu ihren Überwinterungsplätzen in Südspanien und Nordafrika, auf sich aufmerksam.

In dieser Urlandschaft aber leben auch Reiher, die nur die Größe von Amseln haben. Und manchmal kommen auch – vorübergehend als Gast – Purpur- und Seidenreiher in diesen Lebensraum, jene Vögel, die wegen ihrer Anmut und Eleganz auf ihren hohen Beinen vor langer Zeit von einem japanischen Kaiser in den „Adelsstand" erhoben wurden.

Halsrecken und Sträuben der Stirnfedern – alles hat seinen Sinn

Die mitteleuropäischen Purpurreiher kehren im April aus den Winterquartieren in ihr Brutgebiet zurück. Sie sind wie die übrigen Reiher Koloniebrüter und bauen ihre Horste meist auf stehendes oder umgebrochenes Altschilf, oft in zwei Meter Höhe; es ist erstaunlich, daß die dürren Stengel das Gewicht der Horste und der großen Vögel tragen. Auf dem Horst begrüßen sich die Partner gestenreich mit Sträuben der Stirnfedern, Halsrecken und krächzenden Rufen. Der Purpurreiher ist wenig scheu. Trotzdem ist er durch Badebetrieb von vielen seiner Brutplätze vertrieben worden. Die Jungen klettern, wenn sie sich bedroht fühlen, schon im Alter von 10 Tagen aus dem Horst, kehren aber später wieder dorthin zurück. Die Altvögel müssen auch während der Brutzeit die zerbrechlichen Horste ständig reparieren. Die Jungen werden etwa drei Wochen lang gehudert und später noch bei Bedarf beschattet. Die Eltern bringen ihnen das Futter im Kehlsack. Beim Futterbetteln greifen die Jungen von der Seite her den Schnabel des Altvogels und ziehen ihn zu sich herunter. Auf diesen Reiz hin würgt der Altvogel das Futter aus. Es sieht wie ein wilder Kampf aus, ist aber die normale Zeichensprache der Reiher. Die Jungen verlassen mit 7 bis 8 Wochen endgültig das Nest, nachdem ihnen dort in den letzten Tagen nur noch das Futter in die Nestmulde gelegt wurde, während sie schon im Schilf umherkletterten. Im September ziehen die Purpurreiher südwärts, teilweise bis jenseits des Äquators, wo sie mit den dort brütenden Purpurreihern zusammentreffen. Nach Osten reicht ihr Verbreitungsgebiet bis Indonesien. Der Purpurreiher ist mit etwa 80 cm Länge etwas kleiner und schwächer als der Graureiher. Er ist wie jener bei der Jagd Schleicher und Auflauerer, aber wie immer, wo nahe verwandte Arten nebeneinander leben, kommt es zu keiner ernsthaften Konkurrenz: Während der Graureiher meist im offenen Wasser vor dem Schilfwald jagt, sucht der Purpurreiher seine Nahrung vorzugsweise tief im Schilfdickicht.

Ein schlichtweißes Kleid, das oft wie ein Brautschleier wirkt

Obwohl schlichtweiß, ist der Seidenreiher eine elegante Erscheinung. Er kann mit Anmut die merkwürdigsten Stellungen einnehmen, und wenn er sein lockeres Gefieder aufschüttelt, wirkt er wie in einen Brautschleier gehüllt. Überall, wo im Mittelmeerraum Sümpfe und Lagunen zu finden sind, entdeckt man auch bald den weithin sichtbaren Reiher. Mancherorts nistet er in volkreichen Kolonien meist auf Bäumen, auch zusammen mit anderen Reiherarten. Beim Nestbau steckt er Reiser und Schilfhalme zu einem sperrigen Trichter zusammen, der dann inwendig feiner ausgelegt wird. Man kann auf einem einzigen Baum oft über 20 Nester finden, die 75 cm voneinander entfernt liegen. Der Seidenreiher ist als Zugvogel ein ausdauernder Flieger. Die meisten brechen im September auf, einige ziehen bis nach Südafrika. Auch von Atlantiküberquerungen wird berichtet. Vom März bis Mai beginnt dann wieder in den alten Brutkolonien das Leben; die Eier werden in manchen Kolonien um Mitte Mai, in anderen erst im Juni abgelegt. Die Nahrung bringen die Eltern bis aus 25 km Entfernung zum Nest. Kleine Fischchen, Lurche, Würmer, Schalen- und Weichtiere sowie Insekten stehen auf dem Speisezettel an bevorzugter Stelle.

Stationen des Löffler-Fluges: Landung und Schweben

Die Löffler gehören - streng genommen - nicht zu den Reihern, sondern wie die Sichler zu den Ibissen. Sie fliegen mit gestrecktem Hals, sie haben keine Puderdunen, sondern eine Bürzeldrüse, und auch sonst gibt es feinere Unterschiede. Als Watvögel aber leben sie im Sumpf und brüten auch oft in Kolonien mit den Reihern zusammen; darum seien sie hier vorgestellt. Der Löffler schreitet gemessen und fliegt mühelos und - wie alle Ibisse - wohlgeordnet in langen Querreihen. Im April erscheint er im Brutgebiet und bezieht seine Nester meistens im Schilf, selten in Bäumen. Der Löffelschnabel dient dazu, die Tastfläche zu vergrößern. Mit ihm durchschnattert der Löffler die obersten Schlammschichten und ertastet die dort lebenden Tiere, auch einen ungeschickten Fisch läßt er sich nicht entgehen. Oft jagen Löffler gemeinschaftlich in langen Querreihen und mit mähenden Kopfbewegungen. In Europa zählt man etwa 1000 Brutpaare. Eine berühmte Touristenattraktion ist die bewachte Löfflerkolonie auf der holländischen Insel Texel.

Noch im Jugendkleid finden sich die Jungen zu lebenslanger Ehe

Die Bartmeise ist mit den echten Meisen nicht näher verwandt. Aber in ihrer Anpassung an den gleichen Lebensraum (Halme und Zweige zum Herumturnen) und die gleiche Nahrung (kleine Insekten, im Winter auch Sämereien) hat sie eine gewisse Meisenähnlichkeit in Körpergröße, Gestalt und Beweglichkeit entwickelt. Jene Merkmale, die nicht von der Umwelt beeinflußt werden, wie Sperrachen, Gefieder und Nestbau, erinnern nicht an Meisenart. Die Bartmeise lebt als Einzelgänger in der europäischen Vogelfauna. Sie bewohnt nur große Schilfwälder mit inselartigem Vorkommen in England, Holland, Spanien und am Neusiedler See. Nach Osten zu wird sie häufiger. Wo sie lebt, turnt sie nach Rohrsängerart durch den Schilfwald, ständig durch einen wohlklingenden Lockruf in Kontakt mit dem Ehepartner. Die Jungen finden sich noch im Jugendkleid zu lebenslanger Ehe zusammen. Im Käfig stirbt der eine, wenn der andere ihm genommen wird.

Versteckt und scheu singt er im Schilf sein »wihd-wihd-wihd«

Der Schilfrohrsänger lebt nicht in Schilfwäldern, sondern in niedrigerer Vegetation an nassen Standorten, wie in Sumpfwiesen mit locker stehenden Schilfhalmen, an Wassergräben und auch im Weidendickicht. In Osteuropa gehört er zu den häufigsten Rohrsängern, aber sein Bestand ist überall rückläufig. Er hält sich gewöhnlich am Grunde der Vegetation auf und ersteigt nur zum Singen die höchsten Punkte in seinem Lebensraum, wo er sein teils knarrendes, teils flötendes Rohrsängerlied fleißig vorträgt. Im Singen zeigt er seine auffällig weiße Kehle. Gelegentlich steigt er auch wie ein Pieper zum Singflug in die Luft. Das Nest ist kein typischer Rohrsängerbau, sondern sitzt dicht über dem Boden auf breiter Unterlage. Innen wird es manchmal mit Federn ausgelegt und gegen Sicht von oben durch überhängendes Gras geschützt. Die Eltern verraten es nicht selten durch Futtertragen, und wenn das Männchen es bedroht glaubt, huscht und schlüpft es singend vor dem Eindringling her. Nur das Weibchen brütet, aber beide Eltern füttern und tragen die Kotballen aus dem Nest; nachher wetzen sie den Schnabel. Die flüggen Jungvögel sehen wie bei allen Rohrsängern den Eltern sehr ähnlich, sie sind allenfalls etwas blasser gezeichnet.

In dichten Schilfwäldern fast unsichtbar das Schilfnest

An Nichts erkennt man die Weihen leichter als an ihrem Flug. Von ihm haben sie auch ihren Namen: Schwankend und schwimmend, immer etwas zögernd, gaukeln sie niedrig über das flache Land und stoßen dann mit unerwarteten Schwenkungen auf ihre Beute. Nur zur Balz steigt das Männchen himmelhoch und stürzt sich dann rufend und mit Kapriolen einige hundert Meter in die Tiefe. Außerhalb der Paarungszeit bleibt es stumm. Wenig später sieht man die Rohrweihen mit Schilfhalmen in den Krallen zum Horstplatz fliegen. der in dichten Schilfwäldern am Boden errichtet wird.

Vom Aussterben bedroht und von Mähmaschinen getötet

Die Wiesenweihe brütet auf weiten Wiesengründen oder an moorigem Brachland mit eingestreuten Gebüschen. Dort gaukelt sie mit möwenartigem Flug niedrig dahin, verweilt an manchen Stellen zu einer genaueren Inspektion und läßt sich dann zu Boden fallen, meist aber, ohne eine Beute zu erwischen. Sie schlägt alles, was sich am Boden aufhält und nicht größer ist als ein Hamster. Das Nest steht meisterlich versteckt unter Gebüsch oder im Schilf und wird vom Brutpaar mutig verteidigt. Übermächtige Eindringlinge wie den Menschen umkreisen sie schreiend. Ende Juni werden die Jungen flügge, falls nicht vorher eine Mähmaschine über das Nest gegangen ist. Die Wiesenweihe ist als Bodenbrüter besonders gefährdet durch intensive Landwirtschaft mit Trockenlegungen, durch Umbruch von Wiesen zu Ackerland und durch giftige Spritzbrühen, die ihr die Nahrung nehmen. Trotzdem wird sie z. B. in Österreich von einer bornierten Jägerschaft weiter beschossen. Wo in Deutschland ein totaler Schutz aller Greifvögel durchgesetzt werden konnte, scheint sich der extrem geringe Restbestand etwas zu erholen, ein Zeichen dafür, daß manche Weihen, die doch schon immer geschützt waren, als »Habichte« unter Schroten sterben mußten.

Der Speisezettel: Libellen, Käfer, Fliegen, Spinnen, kleine Frösche

Der Drosselrohrsänger lebt in den großen Schilfwäldern. Hier singt das Männchen bei Tag und Nacht auf einem der höchsten, vom Wind bewegten Schilfhalme und zeigt mit weit aufgerissenem Schnabel seinen hochroten Rachen. In der ersten Junihälfte webt das Weibchen das hohle, tütenförmige Nest zwischen drei bis fünf Schilfstengel, 1-1 1/2 Meter über dem Wasserspiegel. Der Nestrand wird etwas eingezogen, so daß die Eier auch dann nicht aus der Nestmulde rollen können, wenn schwerer Sturm das Schilf niederbeugt. Innen ist das Nest mit Samenwolle ausgelegt. Die Vögel verteidigen das Nest erbittert gegen Feinde, scheinen sich dabei aber so sehr aufzuregen, daß sie später nicht selten die Brut verlassen. Beide Partner brüten. Die Jungen werden nackt geboren, und ihr Sperrachen ist leuchtend gelb mit zwei schwarzen Zungenpunkten. Mit 12 Tagen – eine Woche, bevor sie fliegen können – verlassen sie das Nest und klettern erstaunlich geschickt umher.

Alle Spötter beherrschen die Kunst, Lieder von Vorsängern nachzuahmen

Der Gelbspötter siedelt fast nur in Gärten mit dichten Büschen und locker stehenden Bäumen. Dort hüpft das lebhafte Vögelchen fast pausenlos durch das dichteste Laubwerk, kommt fast nie auf den Erdboden und sitzt nur still, wenn es seinen Gesang vorträgt. Der Gelbspötter zählt zu unseren besten Sängern. Sein Vortrag hat von den Rohrsängern her die Langatmigkeit und das mehrfache Wiederholen aller Klangfiguren, von der Singdrossel die Lautstärke und von allen Vögeln seiner Heimat, auch der tropischen Winterherberge, allerlei entliehene Melodien. Wie bei allen »Spöttern«, also Vögeln, die Vorsänger nachahmen, gibt es unter den Gelbspöttern gute und schlechte Sänger. Das Nest ist nach Rohrsängerart sehr fein gefilzt und umspinnt eine Gruppe aufragender Zweige. Es liegt immer im dichtesten Buschwerk, ist aber nicht immer auch gut verborgen. Der Gelbspötter verbringt höchstens vier Monate in seiner Brutheimat und den Rest des Jahres in tropischen Wäldern. Die Versuche, den zarten Sänger im Käfig über den Winter zu bringen, enden regelmäßig mit seinem Tode.

Sein Ruf klingt, als fielen Tropfen in einen Brunnen

Das zierliche Sumpfvögelchen bleibt fast immer unsichtbar, nur abends hört man seinen Ruf aus nassen Niederungswiesen und Sümpfen. Es klingt, als fielen einzelne Tropfen in einen Brunnen. Sein Flug ist schwerfällig und flatternd, und viel lieber bewegt es sich laufend, kletternd und schwimmend, wie es gerade nötig ist. Beim Waten schleudert es sich bei jedem Schritt den Schlick von den Füßen. Das tiefnapfige Nest wird aus Halmen gebaut und steht unter einer aus Halmen der Umgebung zusammengezogenen Kuppel, oft in der Nähe des vorjährigen Nestes. Die Dunenjungen sind ganz schwarz mit roter Schnabelzeichnung. Wenn sie den Eltern folgen, müssen sie oft schon schwimmen, wo die Eltern noch waten können. Das Tüpfelsumpfhuhn bewegt sich zierlich mit Kopfnicken und häufigem Schwanzschnellen. Es ist ungesellig und droht an den Reviergrenzen seinen Artgenossen mit gespreiztem Schwanz, so daß dessen weiße Seiten aufleuchten. Sein Körper ist seitlich stark zusammengedrückt und wie geschaffen zum Kriechen und Schlüpfen. Es sucht seine Nahrung auf stets den gleichen, laufgangartigen Pfaden.

Ein Vogel, der nur in auswegloser Not sich in die Lüfte erhebt

In Verlandungszonen, wo das Wasser unter Pflanzendickicht versiegt, lebt heimlich und geisterhaft unsichtbar die Wasserralle. In der Dämmerung und bis tief in die Nacht hört man ihren Balzruf, der wie ein sausender Peitschenhieb klingt, nicht selten auch wie Quieken, das an Schweine erinnert. Die Ralle schleicht auf stets den gleichen Pfaden zur Nahrungssuche durch ihr Revier. Offene Flächen überquert sie nur ungern und immer sehr eilig. Sie lebt von Tierischem: Sie erschlägt den Frosch, fischt Ellritzen nach Reiherart aus dem Flachwasser, trinkt Vogeleier aus und tötet sogar erwachsene Kleinvögel. Die Wasserralle fliegt nur in letzter Not, flatternd wie ein eben flügger Jungvogel und mit hängenden Beinen. Trotzdem ist sie ein Zugvogel, der südlich der Alpen überwintert.

Ihr Nest aus Schilfblättern bricht oft wie ein Kartenhaus zusammen

Das starengroße Vögelchen ist in Mitteleuropa das seltenste Sumpfhuhn. Sein Gefieder wirkt wie gemalt. Es lebt im undurchschaubaren Gewirr von Sumpfpflanzen, wo das Wasser in Kuhlen steht. Das Nest, aus breiten Schilfblättern errichtet, steht manchmal in Meterhöhe zwischen zusammengebrochenem Altschilf. Beide Eltern brüten und ziehen während des Brütens eine Haube aus Halmen über sich zusammen. Die Jungen bleiben ungestört etwa eine Woche im Nest und suchen es auch noch später zum Schlafen auf. Bei einer Störung springen sie jedoch heraus und laufen wie die Mäuse davon. Die Eltern bauen dann nicht selten ein Ersatznest.

Ein Reiher im Miniaturformat, aber ein mutiges Herz

Dieser reichlich amselgroße Miniaturreiher zeigt die Verhaltensweisen der Reiher gleichsam im Zimmermaßstab. In schilfbestandenen Entwässerungsgräben und ähnlichen Lebensräumen Südosteuropas ist die Zwergrohrdommel nicht selten. Bei uns wurde sie vor allem durch die Sportangler aus ihren angestammten Revieren vertrieben. Aber auch, wo sie noch brütet, sieht man sie selten: einen rahmgelben Vogel, der mit taubenartigem Flug, hängenden Beinen und eingezogenem Hals am Schilfrand entlangfliegt und bald wieder im Schilf verschwindet. Das Nest wird meist kniehoch über dem Wasser in das Altschilf gebaut, nicht selten in lockeren Kolonien. Es besteht, wenn der Baustoff das zuläßt, aus einem Trichter zusammengesteckter Zweige. Anfang Juni liegen die weißen Eier in ihm. Die Zwergrohrdommel lebt, ähnlich wie der Rohrsänger, im Schilf, aber da sie schwerer ist, muß sie beim Klettern mehrere Halme zugleich mit ihren langen Zehen umgreifen. Ihre Bewegungen sind zeitlupenhaft langsam. An die Halme geklammert, stößt sie mit ihrem lanzenförmigen Schnabel nach fingerlangen Fischen, Fröschen, Molchen und größeren Wasserinsekten. Vor dem Menschen zeigt sie kaum Scheu. Sie klettert zum Nest und füttert, auch wenn man nur wenige Meter daneben steht. Fühlt sie sich bedroht, so geht sie in »Pfahlstellung«: Sie reckt sich hoch, den Schnabel senkrecht aufgerichtet, und legt das Gefieder eng an den Körper. So getarnt, ist sie im Schilf nur sehr schwer zu entdecken.

Wenn einer Angst hat, steckt er alle anderen an

Auf dem Weg in die nordafrikanischen Winterquartiere ziehen die Goldregenpfeifer auch durch das Binnenland. Von August bis Oktober und wieder von Mitte März bis Mitte April kann man sie auf Brachäckern und Saatfeldern, seltener auch auf feuchten Wiesen und Schlickufern, antreffen. Da sie erst Anfang Mai ins Sommerkleid mausern, trifft man sie nur am Brutplatz in voller Pracht. Im Juni und Juli verblassen ihre starken Farben wieder, indem die Federränder verschleißen. Die Jungvögel erkennt man an den bleigrauen und nicht schwarzen Beinen. Über dem Brutplatz zeigt das Männchen einen Balzflug mit Schweben und leierndem Balzgesang. Das Nest liegt in Heiden und Tundren, immer aber in kurzrasiger Vegetation, wo der Brutvogel rundum freie Sicht hat. An einsamen Brutplätzen können die Goldregenpfeifer sehr zutraulich sein, im allgemeinen sind sie aber eher scheu, besonders in größeren Gruppen, weil der Ängstlichere beim Fliehen die ganze Gesellschaft mitreißt. Wenn ein Trupp abfliegen will, wenden die Vögel zunächst dem Näherkommenden den Rücken zu, dann drängen sie sich zusammen und recken die Flügel. Nach dem Auffliegen sind sie besonders ruflustig, um die Gruppe zusammenzuhalten. Der Goldregenpfeifer darf in Deutschland nicht am Nest fotografiert werden, in Holland dagegen wird er bejagt.

Über Nacht verliert es mehr als 10% seines Körpergewichts

Nicht sein Körperbau, sondern seine Ansprüche machen das Blaukehlchen zu einem Vogel der Sumpfdickichte und Schilfwildnisse. Hier schlüpft es schwanzwippend und ohne Furcht vor dem Menschen durch dichtes Gehälm und erhebt sich von Zeit zu Zeit zu einem kurzen Singflug über den Schilfwald. Der Gesang klingt gurgelnd mit schönen Flötentönen. Im Mai singt es in mondhellen Nächten bis nach Mitternacht, zusammen mit den Rohrsängern und der Wachtel. Über Nacht verliert das Blaukehlchen mehr als 10% seines Körpergewichtes, holt den Verlust am nächsten Tage aber wieder auf. Das weich ausgelegte Nest wird am Boden, besonders gern unter überhängendem Gras an einer Böschung, angelegt. Beide Eltern brüten, mittags vor allem das Männchen. Die Jungen verlassen das Nest, ehe sie fliegen können, und bleiben noch lange mit den Eltern als Familie zusammen. In Gefangenschaft verblaßt das Himmelblau der Kehle von Mauser zu Mauser zu einem unscheinbaren Schimmelgrau.

Farben wie von Meisterhand: kobaltblau und golden gelb

Wenn der Rallenreiher seine teils weinroten, teils goldgelben, zerschlissenen Schmuckfedern aufschüttelt und den Federschopf sträubt, ähnelt er einer Märchengestalt. In dieser Stellung balzt er in Nestnähe sein Weibchen an. Am Ende der Brutzeit verblaßt der kobaltblau und leuchtend gelbgrün gefärbte Schnabel. Die Rallenreiher nisten in den Kolonien der anderen Reiher Südeuropas, wenn auch etwas isoliert und möglichst in den höchsten Ästen. Wie alle Reiher brüten sie nur einmal im Jahr, zeitlich abgestimmt mit den anderen Reihern der gemischten Kolonie, meist aber Ende Mai bis in den Juni. Die Eier werden von beiden Eltern rund 23 Tage bebrütet, die Jungen bleiben etwa einen Monat im Nest. Wenn sie ausfliegen, fehlen ihnen noch alle Schmuckfedern. Ihre Färbung ist unscheinbares Braungrau.

Ein Zweig im Schnabel des Männchens bedeutet Hochzeit.

Der Nachtreiher lebt in Bruch- und Auwäldern und großen Schilffeldern, wo er die Tage im dichtesten Gesträuch verträumt. Erst in der Abenddämmerung wird er munter und fliegt zu seinen Jagdgründen im Schilf, in dem er mit bedächtigen Bewegungen umherklettert. Er kann wie alle Reiher schwimmen. Meist brütet er in gemischten Kolonien mit anderen Reihern, aber auch in reinen Nachtreiherkolonien, auf Bäumen, seltener im Schilf. Zur Balzzeit bekommt das Männchen lachsrote Beine, und die Zügelstreifen an den Kopfseiten färben sich tiefblau. Nach wenigen Wochen verblaßt die Pracht. Das balzende Männchen versucht durch Tänze auf einem halbfertigen Nest ein Weibchen auf sich aufmerksam zu machen und bekundet mit einem Zweig im Schnabel seine Hochzeitsabsichten.

FELDER, WIESEN UND HECKEN

Hier findet sich das Revier eines bunt gemischten Vogelvolkes. So sehr sie sich auch äußerlich voneinander unterscheiden, so gehören doch fast alle zur Ordnung der sogenannten Sperlingsvögel.
Mit über 5000 Arten sind sie weltweit die größte Vogelfamilie überhaupt. Die Lerchen zählen genauso zu dieser Familie wie die Würger und die Drosselartigen. Doch die Methoden der modernen Landwirtschaft machten auch Wiesen, Felder und Hecken zu einem immer schwierigeren Überlebensraum. Das einstige Gleichgewicht zwischen Pflanzen- und Tierarten wurde mehr und mehr zerstört. Kunstdünger verwandelte blumenübersäte Magerrasen in eintönige Fettwiesen. Unkrautvernichtungsmittel hatte die Verarmung der Flora zur Folge. Insektengifte rotteten nicht nur Schadinsekten aus, sondern auch nützliche Insekten. Aus der sogenannten Flurbereinigung wurde eine Flurveränderung. Immer mehr Hecken fielen auch ihr zum Opfer, willkommene Verstecke für Vogelnester. Doch noch singen die Lerchen ihre Lieder hoch über Feldern und Wiesen. Manche schrauben sich dabei in so ferne Höhen, daß man sie aus den Augen verliert. Noch lauern die Würger bewegungslos stundenlang auf ihre Beute: Insekten vor allem, aber auch Mäuse und kleinere Vögel. Und ihre Beute spießen sie auf den Dornen von Feldhecken auf. Mit Todesmut verteidigen sie ihre junge Brut gegen ihre gefährlichsten Feinde in diesem Revier: die Falken. Diese ausdauernden Segler, die ohne Flügelschlag viele Stunden lang aus größter Höhe den Boden nach Beute absuchen, schlagen dann diese Beute im plötzlichen Sturzflug mit fast tödlicher Sicherheit.

Wenn die harte Schnabelspitze abgewetzt ist, wächst sie nach

Dieses fliegende Juwel ist der nördlichste Vertreter der 25 tropischen und subtropischen Bienenfresserarten. Einzelne Paare brüten sogar nördlich der Alpen und versetzen dann die Vogelfreunde einer ganzen Gegend in Aufregung. In Südeuropa ist er weit verbreitet; er wird in Tunesien mit Schlingen vor der Brutröhre gefangen und verzehrt. Noch vor 50 Jahren kamen Bienenfresser in Sevilla sackweise auf den Markt. Der Name stimmt: Der Bienenfresser fängt nach Schwalbenart Bienen, Wespen und sogar Hornissen aus der Luft, doch sind sie nicht seine Hauptnahrung. Viel lieber lauert er von einer Warte aus auf Heuschrecken, die er dann am Boden aufnimmt. Er geht aber nur unbeholfen und nie freiwillig. Bienenfresser sind Einzel- und Koloniebrüter, die sich in etwa einwöchiger Arbeit paarweise eine Brutröhre in Lehmwände graben. In der ebenen Steppe können sie sich auch schräg in den Erdboden bohren. Während der Erdarbeiten wetzen sie ihre harte Schnabelspitze weitgehend ab, sie wächst aber bald nach Art der Fingernägel wieder nach. Die Bruthöhle erweitert sich nach ein bis zwei Metern zum Brutkessel. Stets kann der Vogel auf den Eiern noch ein Stückchen Himmel sehen. Die Höhle bietet keinen perfekten Schutz, vor allem nicht gegen große Schlangen. Die Kolonien werden jahrzehntelang beibehalten. Im Brutkessel gibt es keine Nestunterlage, auch der Kot der Jungen wird nicht fortgeschafft. Etwa im Alter von drei Wochen erscheinen die Jungen im Höhleneingang, eine Woche später fliegen sie aus. Anfangs kehren sie noch zum Schlafen in die Höhle zurück, später übernachten sie eng zusammengeschmiegt auf Zweigen. Drei Wochen nach dem Ausflug sind sie selbständig.

Insekten aus Kuhfladen sind für ihn ein Leckerbissen

Das sandfarbene Gefieder weist den Wiedehopf als Bewohner ödester Steppenlandschaften aus, nördlich der Alpen wurde er wohl erst mit den Schafherden heimisch. Kunstdünger und Aufforstung haben ihn wieder vertrieben. Im Mittelmeerraum, wo die Sünden unserer Väter noch heute begangen werden, ist er dagegen häufig. Als Steppenvogel badet er gern im Sand, und er braucht bei natürlicher Ernährung auch nicht zu trinken. Seine Nahrung sucht er stochernd vor allem unter Käfern und anderen Insekten, die er aus den Kuhfladen holt. Kein Wunder, daß dem Wiedehopf der Ruf eines üblen Geruchs und auch der üble Geruch selber anhaften. Er ist Höhlenbrüter in Stein und Holz, im Süden auch in Brunnenschächten, weil dort täglich die Herden getränkt werden. Seinem Konkurrenten, dem etwas schwereren Star, muß er vielerorts weichen. Zur Balzzeit ruft der Wiedehopf sein weittragendes und doch mildes »hupupup«, ansonsten bleibt der Einzelgänger stumm: Er hat niemandem etwas zu sagen. Die Jungen und auch das brütende Weibchen verstänkern zur Brutzeit mit einem übelriechenden Sekret ihrer Bürzeldrüsen die Bruthöhle; zur Not wehren sich die Jungen mit einem wohlgezielten Kotstrahl. Zur Fütterung sperren sie die Schnäbel auf, als seien sie Singvögel. Daher ist auch ihr Rachen tiefrot gefärbt.

Von seinem Sitzast stößt er jäh auf ein erspähtes Opfer

Der Schwarzstirnwürger kann eine ganze Landschaft beleben: Meist sitzt er in seiner kontrastreichen Kleidung auf hochragenden Zweigen, oft fliegt er niedrig in Wellenlinien über den Boden dahin, steigt steil zu seinem neuen Aussichtsplatz auf und läßt seine schakkernde Stimme hören. Er bewohnt Hecken- und Buschland und wird in Europa nach Süden hin häufiger. In der Erregung schlägt er den Schwanz auf und nieder. Das dickwandige Nest liegt stets hoch in Bäumen, wo es von beiden Eltern erbittert, wenn auch erfolglos, gegen Krähen verteidigt wird. Auch ein Mensch, der sich am Nest zu schaffen macht, muß befürchten, daß ihm die erbosten Vogeleltern ins Gesicht fliegen. Nach dem Ausfliegen sitzen die Jungen zunächst in Reih' und Glied auf einem Zweig und betteln lautstark um Futter. Bis zum Wegzug, gegen Ende August, bleibt die Familie zusammen.

Es heißt, er töte neun Beutetiere, ehe er ein einziges von ihnen verzehrt

Der Neuntöter zählt zu den gefährdeten Vögeln; denn wo vor Jahren noch Altwässer und Schlehdornhecken Oasen der Wildnis im Ackerland bildeten und weidenumstandene Bächlein sich durch den Wiesengrund schlängelten, rollen heute Mähdrescher über endlose Felder, und die Bächlein verkümmerten in Betonröhren. Das Wörtchen »neun« bedeutete für unsere im Rechnen ungeübten Vorfahren nicht mehr als »viel«.

Der Neuntöter, bei uns ein extremer Sommergast, erscheint erst im Mai und zieht im August wieder nach Afrika. In seiner Brutpflege ist er ein echter Singvogel: Das Weibchen brütet sehr fest auf einem gut gebauten Nest, das meist brusthoch im dichtesten Dornbusch weit und breit liegt. Die Jungen kommen völlig nackt zur Welt und verlassen das Nest mit 15 Tagen, flugunfähig, aber als geschickte Zweighüpfer. Sie betteln mit so lautem Gekreische, daß eine Neuntöterfamilie mit flüggen Jungen nicht zu überhören ist.

Er zählt zwar zu den Singvögeln, aber er hat das Herz eines Falken

Der Raubwürger bewohnt mit Dorngebüsch bewachsenes Ödland, verwilderte Obstgärten, Heidelandschaften. Kein Wunder, daß er in Deutschland selten geworden ist. Er zählt zu den Singvögeln, aber er hat das Kämpferherz eines Falken. Bei der Jagd sitzt er meist still und aufgeplustert auf einer Strauchspitze und wird von Finken und Sperlingen nicht als bedrohlich erkannt. Plötzlich aber stößt er zu, ergreift einen der Vögel mit den Füßen und hackt mit dem Schnabel auf ihn ein. Er ringt die Amsel und die junge Wanderratte nach längerem Kampf nieder und wagt sich sogar an das Rebhuhn. Er trägt einen Spatzen im Schnabel davon. Im Sommer erbeutet er vor allem Insekten und Mäuse, die er auf Dornen spießt oder in Astgabeln festklemmt und dann »vom Spieß« verzehrt. Das Nest ist ein solider Bau aus Reisigunterlage, mit einer aus Moos und Heidekraut gefertigten Wandung, und mit Wurzeln ausgelegt. Es liegt meist 3 bis 15 Meter hoch in einem Dornbusch oder Baum und wird von den Eltern sogar gegen die überlegene Rabenkrähe verteidigt.. Im Oktober verstreichen die Jungvögel bis nach Südfrankreich, und die Altvögel besetzen getrennte Winterreviere. Im Februar spüren sie wieder die Neigung zur Geselligkeit, und die Männchen beginnen leise zu singen.

Etwa die Hälfte der Nester wird vor allem von Rabenvögeln zerstört

Das Braunkehlchen, ein Schmätzer feuchter Wiesen mit eingestreuten Gebüschgruppen, sitzt gern erhöht, wobei schon ein schwacher Halm das »Leichtgewicht« trägt. Es hält sich nach Schmätzerart aufrecht. In der Erregung zuckt es mit Flügeln und Schwanz. Der Gesang klingt unauffällig, obwohl er sehr beharrlich und bis weit in die Abenddämmerung hinein vorgetragen wird. Gelegentlich versteigt sich das Männchen auch zu einem Singflug. In der zweiten Maihälfte baut das Weibchen das Bodennest, manchmal so tief unter welkem Gras verborgen, daß es nur durch einen tunnelartigen Laufgang erreicht werden kann. Die Eltern verraten aber seine Nähe durch erregte Rufe. Die Jungen bleiben 12 bis 13 Tage im Nest, können jedoch erst mit 17 bis 19 Tagen fliegen. Etwa die Hälfte der Nester wird, vor allem durch Rabenvögel, zerstört. Die Brutvögel kehren alljährlich in ihr altes Revier zurück.

Beim Brüten legt das Weibchen jede Stunde eine »Schönheitspause« ein

Das Schwarzkehlchen brütet in feuchtem, etwas verwildertem Wiesenland mit eingestreuten Buschgruppen. Hier trägt das Männchen zur Brutzeit täglich viele Stunden auf seinen Singwarten und in aufrechter Haltung sein monotones Liedchen vor. In der Nähe der Hauptsingwarte liegt das Nest versteckt. Wenn man sich ihm nähert, umflattert das Männchen den Eindringling und läßt sich dicht vor ihm auf Halmspitzen nieder. In der Erregung schlägt es mit Flügeln und Schwanz. Vor der Paarung umbalzt das Männchen sein Weibchen mit gebreiteten Flügeln und gefächertem Schwanz, so daß es alle weißen Körperpartien zur Schau stellt. Das Weibchen baut am Boden oder bis kniehoch im Gebüsch das Nest aus Gras und Moos, legt im 24-Stunden-Takt seine 5–6 Eier und brütet vom vorletzten an. Etwa jede Stunde legt es eine Pause von wenigen Minuten ein, die vor allem der Gefiederpflege dient. Das Männchen bringt ihr das Futter ans Nest und meldet sich mit einem speziellen Lockruf. Die Jungen bleiben 12 Tage im Nest.

Sie kann bis zu 20 Melodien nachpfeifen, die sie gehört hat

Die Haubenlerche ist ein Vogel der Steppen in Süd- und Osteuropa. Zur Zeit der Pferdedroschken und Ackergäule war sie aber auch in Deutschland häufig. Die Haubenlerche ist ein Standvogel, der schon im Spätwinter seinen Gesang vorträgt. Sie lernt es, oft gehörte Schäferpfiffe so täuschend nachzuahmen, daß die Hirtenhunde zunächst darauf hereinfallen. Bald aber merken sie den Irrtum und folgen dann weder dem Pfiff der Lerche noch dem des Schäfers, der sich nun eine andere Melodie einfallen lassen muß. Gefangene Lerchen können bis zu 20 Melodien nachpfeifen, die sie gehört haben. Sie tragen sie mit schwermütiger, aber hellreiner Stimme vor.

Zum Singflug steigt sie stumm hoch, erst in der Höhe beginnt ihr Lied

Die Heidelerche stellt strenge Ansprüche an ihren Lebensraum: Sie wünscht ein von Bäumen umstandenes Ödland mit weitgehend vegetationslosem Bodengrund, möglichst im Hügelland. Man findet sie daher auf großen Kahlschlägen und den Schutthalden weitläufiger Steinbrüche, aber auch in Heidelandschaften. Sie ist nirgendwo häufig. Die Heidelerche gilt vielen Vogelfreunden als einer der besten Sänger. Ihr Lied klingt melancholisch und sanft lullend, bald ersterbend, bald wieder zu feierlich-ernsten Tönen sich aufschwingend. Zum Singflug steigt die Lerche stumm empor und beginnt erst in der Höhe kreisend ihre verschwebenden Strophen, die oft halbstundenlang vorgetragen werden und auch in der Maiennacht nicht verstummen. Oft trägt sie ihr seelenvolles Lied auch von einer Singwarte aus vor. Das Nest baut sie außerordentlich versteckt unter niedriger Vegetation und schleicht sich nur am Boden zu ihm hin. Die Jungen verlassen es meist am 10. Lebenstag, lange bevor sie fliegen können. Sie drücken sich fast unauffindbar in jede Deckung. Im September verlassen die Heidelerchen ihr Brutgebiet, streichen in kleinen Trupps über Brachäcker und überwintern in Südeuropa und Nordafrika.

Auf dem Scheitel wachsen ihr zwei winzige »Teufelshörner«

Die Ohrenlerchen gehören mit ihren »Teufelshörnern« zu den hübschesten aller Lerchen. Sie finden das baumlose Land, das alle Lerchen lieben, im hohen Norden und weiter südlich in Gebirgen oberhalb der Baumgrenze. In ihrem Verhalten ähneln sie sehr der Feldlerche, nur daß sie ihr bescheideneres Lied meistens von einer Felskuppe aus vortragen und das sehr gut versteckte Nest sorgfältiger auspolstern, wie es ja in ihrem kühleren Lebensraum auch zweckmäßig ist. Nach einer Störung verlassen sie es oft sehr schnell. Den Winter verbringen die Ohrenlerchen in milderen Lagen. Dann kommen sie auch regelmäßig an die deutsche Nord- und Ostseeküste.

Als letzter Sänger im Jahreslauf verstummt er erst Ende Juli

Der Baumpieper lebt vor allem in Kahlschlägen. Er siedelt sich dann an, wenn das Altholz abgefahren wurde, und verschwindet wieder, noch ehe der Jungwuchs mannshoch wird. In Heidelandschaften kann er sich dagegen dauernd halten, wenn nur einige Bäume in der Nähe stehen. Er hat sich schon im Ödland angesiedelt, nachdem dort eine Telefonleitung verlegt worden war. Im Gebirge findet man ihn bis in 1500 Meter Höhe. Von einem hochragenden Zweig oder einem Telegrafenmast aus startet er zu seinem unverwechselbaren Singflug: Erst stumm schräg aufwärts, dann beginnt zwitschernd der Gesang, und am Ende schwebt er mit gespreiztem Schwanz, hängenden Beinen und leicht angehobenen Flügeln zum Startpunkt zurück und beendet im Sitzen das Liedchen mit einem Triller. Auf der Waldblöße ist er der letzte Sänger im Jahreslauf: Erst Ende Juli verstummt er. Das Nest wird unter welkem Gras fast wie eine Höhle angelegt, zu der nur ein mauselochgroßer Einschlupf führt. Man findet es nur, wenn der Brutvogel vor den Füßen von den Eiern flattert, oder wenn ein Altvogel mit Futter im Schnabel den Weg zeigt. Beide Partner lösen sich beim Brüten ab.

Das typische Grasmückennest liegt immer im dichtesten Gestrüpp

Die Samtkopfgrasmücke lebt in den undurchdringlichen immergrünen Gebüschhängen Südeuropas. Hier schlüpft sie durch das Dickicht und weiß sich geschickt zu verstecken. Dabei richtet sie es so ein, daß zwischen ihr und dem Auge des Eindringlings stets ein Sichthindernis zu liegen kommt. Ihren eilig dahinschwätzenden Gesang trägt sie entweder im Sitzen oder in einem kurzen, flatternden Singflug vor. In der Erregung stelzt und spreizt sie häufig ihren Schwanz und zeigt dabei seine weißen Außenkanten. Das typische Grasmückennest liegt niedrig, oft nur wenige Zentimeter über dem Boden im dichtesten Gestrüpp. In seiner Nähe verraten sich die Eltern durch lang anhaltendes, knackendes Zetern. Beim Schlüpfen im Dickicht halten sie ständig durch Lockrufe untereinander Kontakt.

Sie wiegt nur 11 Gramm und braucht täglich tausend Kerbtiere

In »offener Feldschlacht« kann sich die Blaumeise nicht gegen die stärkere Kohlmeise durchsetzen, aber dafür sucht sie ihre Nahrung turnend auf den äußersten Zweigspitzen, die der plumperen Kohlmeise nicht zugänglich sind. Sie brütet in Höhlen mit einem Schlupfloch, das für die Kohlmeise zu eng ist. Ein Schlupfloch von 30 mm genügt ihr, wogegen die Kohlmeise mindestens 32 mm braucht. Am winterlichen Futterhaus kann sich die graziöse Blaumeise aber auch in eine Furie verwandeln und um ihr Überleben kämpfen. Im kahlen Vorfrühlingswald begleitet sie ihr Weibchen mit zweitönigem Trillergesang und überreicht ihm mit zierlichen Gesten ein Räupchen. Das Weibchen nimmt dann die Haltung des bettelnden Jungvogels an: Es piepst mit zitternden Flügeln und läßt sich füttern. Das Weibchen räumt notfalls älteren Unrat aus der Bruthöhle und baut das watteweiche Nest, auf dem sich die Eltern dann etwa jede Stunde beim Brüten ablösen. Die Jungen fliegen nach 13 Tagen aus, sitzen aber anfangs noch aufgereiht auf einem Zweig und betteln mit Zeterstimmen um Futter. Die Nächte verbringen die Blaumeisen in ihren Schlafhöhlen.

Im Winter lebt sie nach Ammernart, im Sommer wie eine Grasmücke

Während die Ammern zu den Bodenvögeln und Körnerfressern zählen, hat die Zaunammer eher den Lebensraum und die Lebensweise der Grasmücken angenommen. Sie bewohnt niedriges Dorngestrüpp zwischen Wiesen und Feldern, wo sie sich als geschickter Schlüpfer und Versteckkünstler den Sommer über im Gezweig herumtreibt. Zum Singen hüpft sie auf den höchsten Ast oder setzt sich auf eine Telegrafenleitung. Sie fliegt in einer Bogenlinie und meist nur von Busch zu Busch. Auch Nest und Nahrung passen zum Lebensraum: Das Nest wird mannshoch in das Gebüsch gebaut, ist aber nach Ammernart ein großer Bau aus dürrem Gras. Die Jungen werden mit Insekten aufgezogen, die im Sommer auch die Hauptnahrung der Altvögel bilden. Im Herbst kommt das Ammernerbe eher zur Geltung: Die Vögel scharen sich zu Trupps zusammen und suchen ihre Nahrung mehr auf dem Erdboden, auf Brachäckern. Jetzt ernähren sie sich hauptsächlich von Sämereien. Zum Winter hin verstreichen sie nach Süden, und Zuzügler aus nördlichen Brutgebieten rücken nach. In Mitteleuropa wurde die Zaunammer immer seltener, in Südeuropa ist sie häufig.

Das Männchen füttert Weibchen und Kleinkinder aus dem Kehlsack

Die Saatkrähe bewohnt Ebenen mit eingestreuten Baumgruppen. Sie sucht nach Hühnerart ihre Nahrung auf dem Boden: Sämereien, Würmer, erfrorene Kartoffeln, auf Müllplätzen kurioserweise Gummiwaren aller Art, zuweilen auch eine Vogelbrut oder eine Maus. Wiesen und Getreidefelder betritt sie nicht, wenn deren Bewuchs schon so hoch steht, daß sie ihn nicht mehr überblicken kann; sie durchsucht auch keine Bäume und meidet dichtes Gebüsch und den Waldboden. Darum richtet sie als Nestplünderer keinen großen Schaden an. Saatkrähen sind Koloniebrüter. Dort, wo eine Kolonie allen jägerischen Nachstellungen bis heute widerstehen konnte, bietet sich eines der letzten großen Naturschauspiele in unserer verarmten Umwelt: Von weitem schon vernimmt man ein quorrendes Stimmengewirr und sieht die Vögel in übermütigen Flugspielen wie schwarze Lappen durch die Luft wirbeln. Zur Paarungszeit im März balzen selbst die alten Krähenhähne vor ihren lebenslang angepaarten Weibchen mit allerlei Verbeugungen und schönen Tönen, und die Jungkrähen fechten unblutige Kämpfe aus. Andere sind schon beim Nestbau, brechen Zweige von den Bäumen oder stehlen sie von Nachbars Nest. Zur Brutzeit ruht das Männchen neben dem brütenden Weibchen. Naht ein Greifvogel, so fliegt ihm die ganze Kolonie mit lautem Geschrei entgegen. Das Männchen füttert Weibchen und Kleinkinder aus dem Kehlsack. Noch in unserem Jahrhundert wurden die Saatkrähenkolonien in Ostdeutschland kurz vor dem Ausfliegen geplündert, und in manchen Dörfern gab es gebratene Krähen. Heute wäre die Saatkrähe vielerorts Stadtvogel, würde sie nicht wegen ihres Lärmens mit Feuerwehr und Schroten vertrieben.

Die Saatkrähe ist Wintergast in Süddeutschland. Sie zieht tagsüber und meist in der Gesellschaft von Dohlen, manchmal auch von Staren. Im Winterquartier versammeln sich allabendlich Tausende nach überwältigenden Flugspielen in überkommenen Schlafbäumen und halten tagsüber in einem Umkreis von 20 Kilometern Nachlese auf den Feldern. Jung aufgezogene Saatkrähen schließen sich eng an den Menschen an, machen sich durch ihre Streiche in »Nachbars Garten« aber unbeliebt.

Mit 280 Stundenkilometern schlägt er blitzschnell seine Beute

Der Wanderfalke ist ein spezialisierter Luftjäger: Er kreist in schwindelnder Höhe, und wenn unter ihm ein Vogel den Luftraum durchfliegt, so stürzt er mit kräftigem Flügelschlag auf ihn herab. Dabei kann er die Rennwagengeschwindigkeit von 280 Stundenkilometern erreichen, ein Tempo, bei dem er keinen Zusammenprall riskieren darf; darum überfliegt er die Beute nur und verletzt sie mit seinen Krallen. Während dann das Opfer in einer Wolke von Federn zu Boden stürzt, läßt er sich vom eigenen Schwung steil in die Höhe tragen und landet dann neben der Beute, die er mit einem Schnabelbiß tötet. Das Opfer ist dabei nicht chancenlos: Wenn es ihm gelingt, dem Falken aufsteigend die Höhe abzugewinnen, kann es sich retten. Diese spannenden Luftkämpfe haben den Wanderfalken zum beliebten Beizvogel werden lassen; dabei gelten die europäischen Falken als die schneidigsten Flieger. Sie zwingen selbst den viel größeren Graureiher zu Boden. Es ist klar, daß er mit dieser Jagdweise keine Beute am Boden schlagen kann, doch nimmt er die Ente vom Wasser. Die Falken halten treu zu ihrem Horstplatz in einer Felswand, in verlassenen Horsten anderer Vögel und früher sogar auf Kirchtürmen. Im letzten Märzdrittel werden die 3 bis 4 Eier gelegt und 29 Tage bebrütet. Die Jungen bleiben rund 35 Tage im Horst. Wenn sie selbständig geworden sind, ziehen sie davon. Nur für sie gilt der Name Wanderfalke. Der Wanderfalke wird bedroht durch Falkner, Eiersammler, Kletterer und Taubenzüchter.

Wenn die Zugvögel aufbrechen, lauert ein Falke ihnen auf

Der Eleonorenfalke gehört ebenfalls zu den Vogeljägern. Er ist aber in besonderem Maße auf die Ausnutzung des Vogelzuges eingestellt. Er brütet erstens auf felsigen Inselchen im Mittelmeer, auf denen die von Insel zu Insel streichenden Zugvögel rasten, und er brütet zweitens im August, so daß erst im September, wenn der Vogelzug seinen Höhepunkt erreicht, die immer hungrigen Jungen im Nest sitzen, das in einer Felsnische oder auch nur auf dem flachen Erdboden liegt. Es ist den Eltern dann ein Leichtes, mit den um diese Zeit besonders fetten und vom Zug ermüdeten Vögeln ihre Brut zu nähren. Da viele Zugvögel bei Nacht ziehen, ist auch der Eleonorenfalke bis in die späte Dämmerung aktiv. Bei dem großen Nahrungsangebot zur Brutzeit kann er es sich leisten, in lockeren Kolonien zusammen zu brüten. Wenn die Zugzeit vorbei ist, zieht auch der Eleonorenfalke ab und verbringt den Winter im Süden – bis nach Madagaskar.

In jedem Frühjahr aufs Neue auf Wohnungssuche

Wie alle Falken baut auch der Würgfalke keinen eigenen Horst. Darum hält er an einer geeigneten Brutnische in einer Felswand über viele Jahre fest. Wo keine Felsen sind, brütet er in Baumhorsten, die aber oft schon während der Jungenaufzucht zu Bruch gehen, fast immer aber von den Winterstürmen herabgeworfen werden. Darum steht manches Würgfalkenpaar alljährlich vor der Wohnungsnot und ist dann sogar in der Lage, den Seeadler und den Kaiseradler von ihren Horsten zu drängen. Aus dem Storchennest aber muß er weichen, wenn der Hausherr aus Afrika zurückkommt. Gern nisten die Würgfalken inmitten von Reiher – und Saatkrähenkolonien, wo immer leere Nester zur Verfügung stehen. Die Saatkrähen liefern ihnen sogar das Futter. Sonst jagt der Würgfalke mit allen Mitteln, mit Sturzflügen, Überrumpelung und Hetzjagd, auf Tiere bis zu Enten- und Kaninchengröße, in der Luft wie am Boden. Auch zur Beizjagd läßt er sich abrichten. Außerhalb der Balzzeit ist er still und heimlich, er kehrt aber bis zum Wegzug in das Winterquartier gerne in seinen Horst zurück. Der Würgfalke gehört in Europa zu den vom Aussterben bedrohten Vögeln; Jäger und Falkner dürften die Hauptschuld an seiner stetigen Dezimierung tragen.

Wenn die Jungen flügge werden, lernen sie die schwere Vogeljagd

Der Jagdflug des Baumfalken reißt zur Bewunderung hin. Er startet zum Angriff, wenn ein Kleinvogel sich in den freien Luftraum gewagt hat, der dem Falken genügend Anlauf und Auslauf bietet. Dann folgt er ihm mit spielerischer Eleganz und so schnell, daß das Auge kaum einen Schatten gewahrt. Wenn es dem Vogel nicht gelingt, in ein Gesträuch zu stürzen, ist er verloren. Nur hinter der Rauchschwalbe muß der

Baumfalke nicht selten aufgeben, nachdem er sie mit der Beharrlichkeit eines Jagdhundes gehetzt und Stoß auf Stoß vergeblich angesetzt hat. Mit seiner rasenden Geschwindigkeit könnte er nicht zur Erde stoßen, aber manchmal gelingt es ihm, einen sitzenden Vogel von einer Zweigspitze zu streifen. Er jagt noch in der Abenddämmerung gern auf Libellen, die er gleich im Flug verzehrt. Er badet auch als Flugartist, indem er niedrig über das Wasser streift. Wenn die Jungen Ende Juli ausfliegen, haben sie noch eine lange Lehrzeit vor sich, in der die Eltern sie übersteigen und ihnen verletzte oder getötete Vögel zuwerfen. Sollten die Jungen sie verfehlen, so stößt der Altvogel nach und fängt das Opfer unter den Jungen wieder auf. Erst mit Beginn des Herbstzuges zerfällt die Familie. Der Baumfalke brütet zu einer Zeit, in der besonders viele unbeholfene Jungvögel als Nahrung zur Verfügung stehen. Er legt meist drei Eier, etwa halb so viel wie der Turmfalke. Offenbar sind die fluggewandten Baumfalken nicht so vielen Gefahren ausgesetzt wie ihre Verwandten, und die Natur hat ihnen dafür einen Teil ihrer Vermehrungsrate genommen. Vielleicht ist aber auch die Vogeljagd so schwierig, daß die Eltern nur drei Junge aufziehen können.

Ein Vogellied, das mehr dem Zirpen der Laubheuschrecke gleicht

Die wenigsten Naturfreunde haben je einen Feldschwirl gesehen. Er lebt nämlich in hohem Grasland mit einzelnen Büschen oder Bäumen als »Fußgänger« in der Gesellschaft von Feldmäusen am Boden, unter dem Dach des vorjährigen Grases. Vor den Schritten des Menschen fliegt er nicht auf, sondern dringt nur noch tiefer in das Dickicht ein. Nur zum Singen steigen die Männchen auf einen hochragenden Zweig und schnurren dort mit weit aufgerissenem Schnabel ihr Lied, das dem Zirpen einer Laubheuschrecke täuschend ähnlich klingt. So »schwirren« sie mit kurzen Pausen jeweils 40-50 Sekunden lang während der ganzen Brutzeit, tagsüber wie auch nachts, vor allem aber in den Abendstunden. Im Juli, wenn die ersten Laubheuschrecken ihre Stimme erheben, sind sie bereits verstummt. In der Nähe der Hauptsingwarte liegt am Boden das Nest auf einer Unterlage von welkem Laub. Es ist aus Halmen gearbeitet, und oft führt ein deutlich erkennbarer »Fußpfad« zum ihm. Die Eltern lösen sich beim Brüten ab.
Die Jungen verlassen am 11. Tag das Nest. Solange sie noch gefüttert werden, tragen sie in ihrem leuchtend gelben Sperrachen drei schwarze Zungenpunkte; später verblassen diese Farben, die offenbar nur als Signal für die futtertragenden Eltern gedacht waren.

SIEDLUNGEN, GÄRTEN UND PARKS

Man mag es fast als Wunder bezeichnen: Viele Vögel vertrieb der Mensch aus ihren angestammten natürlichen Lebensräumen. Aber sie fanden eine neue Heimat in Revieren, die der Mensch schuf: Dörfer und Gärten, Städte und Parks. Viele Arten fanden in und an Gebäuden des Menschen neue günstige Brutmöglichkeiten: Haussperling, Mauersegler, Hausrotschwanz und Schwalben. So eng wurde die Verbindung des Menschen zur Schwalbe, daß Schwalbennester am Haus Glück bedeuteten. Die Meinung, daß tieffliegende Schwalben Regen ankündigen und hochfliegende schönes Wetter, stimmt insofern, als die Insekten, die die Schwalben jagen, bei tiefem Barometerstand niedriger fliegen als bei hohem. Das Sprichwort hingegen „Eine Schwalbe macht noch keinen Sommer" ist nicht mehr als eine nichtssagende Allerweltsweisheit. Bei den mauernden Schwalben hat nur das Weibchen den Nestbauinstinkt. Sein Speichel gibt dem Lehm solche Festigkeit, daß Menschenkraft oft nicht ausreicht, um manche Nester ohne Werkzeug aufzubrechen. Viele ehemalige Waldvögel fanden eine neue Heimat in den Parks, in Alleebäumen und Einzelbäumen. Alte Bäume sind für sie besonders wichtig, weil sie mehr Nahrungs- und Nistmöglichkeiten geben als junge Bäume. Junge Bäume sind erst in etwa fünfzig Jahren ein Ersatz für alte. Zu den Gartenvögeln, die aus den Wäldern kamen, gehören verschiedene Meisenarten, der Kleiber, Rotkehlchen und Gartenrotschwanz, Stare, Amseln, Singdrosseln und auch die Ringeltaube. Auch andere von Menschenhand geschaffene Reviere wurden zu wichtigen neuen Lebensräumen für Vögel. Kies-, Sand- und Tongruben zählen zu ihnen, bieten vor allem dem Regenpfeifer und der Uferschwalbe willkommene Brutmöglichkeiten. Steinbrüche wurden zur Zuflucht für ehemalige Felsbrüter wie Turmfalke, Steinkauz, Dohle und Mauerläufer.

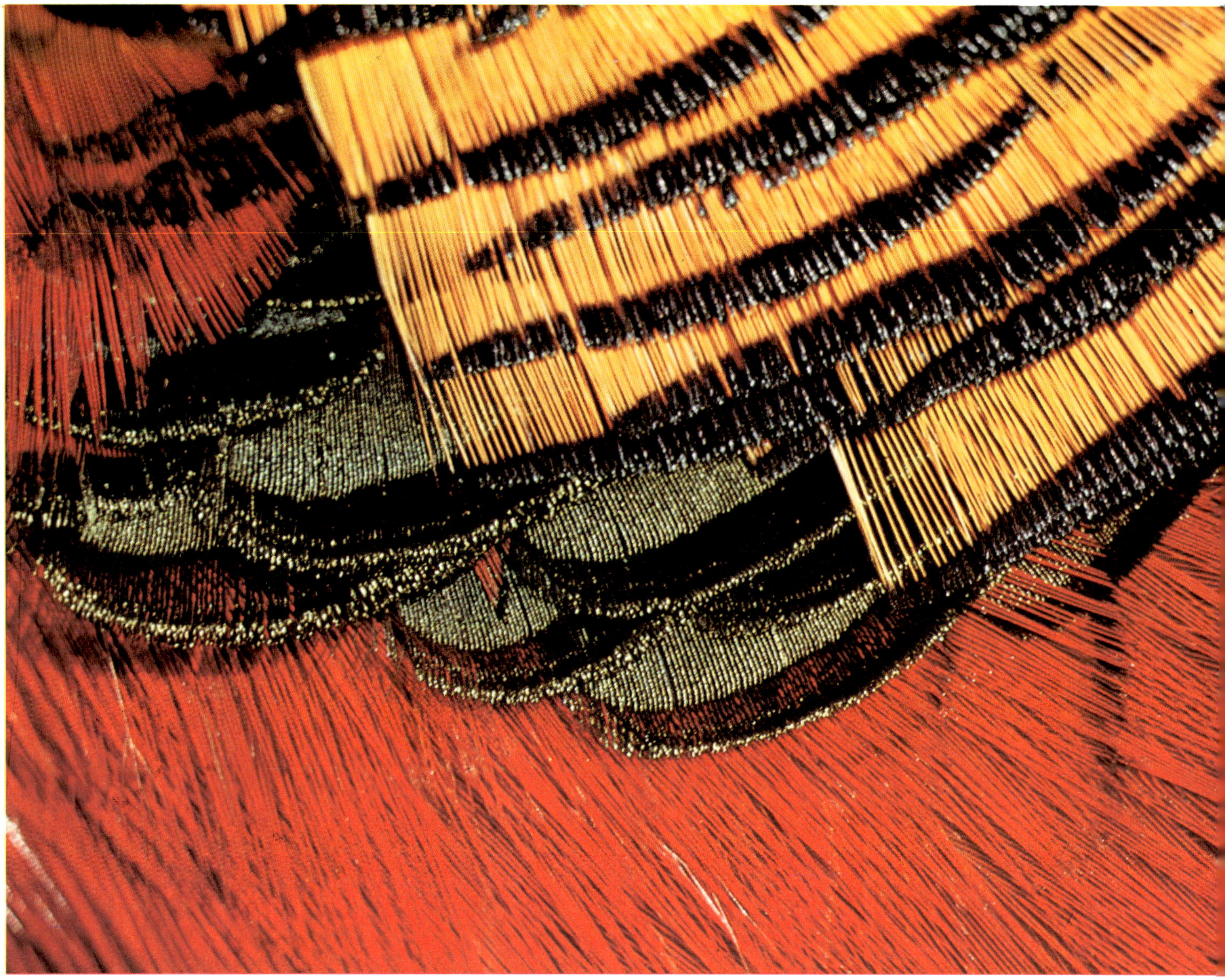

Fasanenpracht: Gold, Purpur und schillernder Schwanz

Dieser prachtvolle Park- und Gartenfasan stammt aus den Wäldern der Mongolei und Südchinas. Ende April in der Balzzeit bringt er seine ganze Gefiederpracht und die Zierlichkeit seiner Bewegungen voll zur Geltung: Er stellt sich mit abgespreiztem Kragen den Hennen zur Schau, dreht und wendet sich nach allen Seiten und streitet erbittert mit Rivalen. Das Weibchen ist wie alle Hennen schlicht tarnfarbig. Es brütet wie alle Hühnervögel am Boden in einer kunstlosen Mulde. Die Jungen können mit 14 Tagen schon gut fliegen und übernachten auf Bäumen; eine Woche später sind sie selbständig. Zahlreiche Versuche, den Goldfasan auch in freier Natur einzubürgern, sind früher oder später gescheitert, wohl, weil ihm unsere Winter zu streng sind. Es fragt sich aber, ob eine solche Aussetzaktion überhaupt wünschenswert wäre. Sein Verwandter, der Fasan, macht den Naturschützern schon genug Sorge, weil er der Jäger liebstes Hätschelkind ist und sie allen Greifvögeln den Tod wünschen, die ein Fasanenküken schlagen könnten.

Das Männchen bereitet die Nistkästen vor. 8 Tage später kommt das Weibchen

Der Trauerschnäpper bewohnt lichte Laub- und Nadelwälder, Parks und Obstgärten, aber sein Bestand ist in Europa rückläufig. Der Trauerschnäpper sitzt wie seine Verwandten in aufrechter Stellung und schlägt in der Erregung mit den Flügeln, seine Nahrung sucht er aber eher hüpfend im Gezweig und auch am Erdboden. Er ist Höhlenbrüter und geht gern in künstliche Nistkästen. Stellenweise wurde er vom Feldsperling beim Kampf um die Bruthöhlen verdrängt. Die Männchen kehren Ende April aus Afrika zurück und besetzen ihre Reviere, die Weibchen kommen 8 Tage später. Der Gesang ähnelt jenem des Gartenrotschwanzes. Er wird im Sitzen von einem Ast aus und mit Flügelschlagen vorgetragen.

Manchmal geschieht es, daß sich der Girlitz mit dem Kanarienvogel paart

Der Girlitz lebt in Vorstädten und Parkanlagen. Hier singt er von einer Fernsehantenne oder einer Telegraphenleitung aus seine etwa 20 Sekunden dauernde klirrende Strophe, die sich wie ein quietschender Kinderwagen anhört. Der Girlitz hat sich erst in den letzten hundert Jahren, von Süden kommend, über Mitteleuropa ausgebreitet. Einzelne überwintern auch in geschützten Lagen nördlich der Alpen. Der Girlitz ist mit dem Kanarienvogel so nahe verwandt, daß er sich oft mit ihm paart, und auch die Nachkommen sind wiederum fruchtbar. Daher galt er früher nur als eine Rasse des Kanarienvogels. Während das Weibchen auf dem hübschen, meist nicht hoch in Büschen versteckten Nest brütet, wird es vom Männchen aus dem Kropf gefüttert und gelegentlich durch einen Singflug unterhalten. Die Girlitze ziehen ihre Jungen mit halbreifen Sämereien und Insekten auf. Sie tragen den Kot der Jungen nicht davon, sondern diese setzen ihn auf dem Nestrand ab, wo mit der Zeit ein solides Mäuerchen aus Kotballen aufwächst.

Seine Bruthöhle verteidigt der Kleiber mit harten Rammstößen

Am besten kann man ihn am Futterhaus kennenlernen: Hastig stopft er sich den Schnabel voll und fliegt zu einem nahen Baum, wo er das Futter in Rindenritzen versteckt, jedes Korn für sich, und die Ritze danach mit einem Hölzchen verschließt. Genau so verfährt er auch im Sommer mit Insekten, die er zuvor mit dem Schnabel erschlägt. Insekten frißt er unzerkaut, Nußkerne erst nach gründlicher Zerkleinerung. Dazu klemmt er sie in eine Spalte, hängt sich kopfunter darüber und meißelt maßgerechte Bissen ab. Sogar an Haselnüssen versucht er sich manchmal, wenn auch nicht immer erfolgreich. Trifft er mit anderen Besuchern am Futterhaus zusammen, zeigt er Drohgesten: Flügel- und Schwanzspreizen, wobei am Schwanz weiße Flecken aufleuchten. Im Ernstfall, etwa wenn er seine Bruthöhle verteidigt, greift er selbst Spechte, die den Höhleneingang aufmeißeln wollen, mit harten Rammstößen an. Auch im Winter verzichtet er nicht ganz auf Insektennahrung und sucht sie, stammauf, stammab kletternd, in Rindenritzen. Dabei reißt er Rindenstücke mit dem Schnabel ab. Beim Klettern setzt er die Füße nicht neben-, sondern übereinander. Im Frühling läßt er einen schönen Flötenton in mehrfacher Wiederholung hören. Der Kleiber, ein strenger

Höhlenbrüter, geht auch gerne in Nistkästen. Ist der Höhleneingang zu weit, so »kleibt« er ihn mit Lehm und Speichel zu, einer Masse, die sehr fest wird. Er wagt sich sogar an Schwarzspechthöhlen. Hat die Öffnung schon die richtige Weite, so läßt er seinen Kleibtrieb an der Umgebung aus, die überflüssigerweise verkleistert wird. Die ersten Gelege findet man Mitte April, die letzten im Juni, meist nur eine Brut. Das Kleibernest, ein loser Haufen von Kiefernrinde und Blattstückchen, zählt zu den hübschesten heimischen Vogelnestern. Die Eizahl liegt bei 6 bis 8, selten über 10. Sie werden 14 oder 15 Tage lang bebrütet, und zwar nur vom Weibchen, das dabei vom Männchen gefüttert wird. Die anfangs spärlich grau bedunten Jungen bleiben möglichst lang in der schützenden Höhle: Sie fliegen erst mit etwa 3 Wochen aus. Die Kleiber schlafen das ganze Jahr hindurch in Höhlen oder Ritzen, wo sie auch im Schlaf an der Wand hängen. Der Kleiber lebt in lichten Wäldern und Parkanlagen. Er fliegt ungern über freies Land und fehlt in Feldgehölzen.

Als »Krammetsvogel« war sie einst eine lukullische Spezialität

Etwa seit 1850 hat der ursprünglich nordische Vogel begonnen, sich nach Süden auszubreiten, heute trifft man ihn überall in Deutschland an, meist in Parkanlagen. Bis um die Jahrhundertwende wurden die durchziehenden Scharen im Herbst in Massen gefangen und als »Krammetsvögel« auf den Markt gebracht. Ihr Fleisch hat durch die Wacholderbeerkost einen gewürzten, bitteren Beigeschmack, der hoch geschätzt wurde. In der ersten Hälfte unseres Jahrhunderts begann die Wacholderdrossel in Parkanlagen und Vorstädte einzuwandern und ist heute vielerorts zum Parkvogel geworden. Vor kurzem entdeckte man, daß die Wacholderdrosseln eine teuflische Waffe gegen die ihnen verhaßten Greifvögel besitzen: Sie beschießen die großen Greife im Sturzflug mit ihrem Kotstrahl.

In der Erregung stellen sich die Scheitelfedern zu einer Haube auf

Die Dorngrasmücke bewohnt verwilderte Gärten, mit Gebüsch bewachsene Bahndämme, Friedhöfe und anderes Buschland. Sie wurde immer seltener, seitdem die Flurbereinigung, die man besser Flurverödung nennen sollte, die Hecken vernichtet, und seitdem die Landwirtschaft die Insekten und ihre Futterpflanzen mit chemischen Giften bekämpft. Beim Singen hüpft die Dorngrasmücke von Zweig zu Zweig und sprudelt im Wechsel plaudernde und flötende Strophen hervor, die für das menschliche Ohr eigentlich viel zu schnell vorgetragen werden. Gelegentlich steigt sie auch im Singflug rasch aus den Dornenhecken empor und fliegt nach einer Kehrtwendung ebenso rasch wieder zurück, als würde sie über ihren eigenen Mut erschrecken. In der Erregung stellt sie die Scheitelfedern zu einer Art Haube auf. Die Augen der Jungen sind in den ersten drei Wochen schwarz, dann färbt sich die Iris braun und wird im dritten Lebensjahr hellbraun bis gelblich. Die älteste Dorngrasmücke, von der man weiß, erreichte bei einem Pfleger ein Alter um 26 Jahre. Die in Westeuropa brütenden Dorngrasmücken ziehen im Herbst über Spanien, die östlich wohnenden über den Balkan nach Zentralafrika.

In Regenperioden gehen fast alle ihre Bruten zugrunde

Ab Mitte Mai, als letzte der Grasmücken und rund zwei Wochen nach den anderen, besetzt die Gartengrasmücke ihre Brutplätze an unterholzreichen Waldrändern und in parkartigen Gärten, am liebsten in Gewässernähe. Ihr Gesang ist melodienreich, flötend, eilig dahinschwätzend. Manchmal wird er über eine halbe Minute durchgehalten, ehe er nach kurzer Pause wieder einsetzt. Taucht ein Weibchen auf, so balzt das Männchen vor ihm mit einem Halm im Schnabel, „zeigt einen Nestplatz" und beginnt schon mit dem Bau, der dann gemeinsam beendet wird. Das Nest bleibt ein dürftiges Werk aus Hälmchen, das gerade eben eine Brut aushält, Wochen später zerfällt es meist. Grasmücken sind sehr empfindlich. Manchmal genügt ein Blick auf den brütenden Vogel, und schon wird das Nest verlassen und anderswo neu gebaut. In Regenperioden gehen fast alle Bruten zugrunde. Bei einer Störung springen die Jungen bereits am 9. Lebenstag aus dem Nest; am 10. verlassen sie es spontan, kuscheln sich auf einem Zweig zusammen und warten auf die Fütterung. Am 12. Tag picken sie zum ersten Mal selber nach Futter, mit 18 Tagen sind sie voll beflogen, und mit etwa 4 Wochen können sie für sich selber sorgen. Kurz nach dem Ausfliegen zeigen sie schon spielerisch alle Fertigkeiten des Nestbaus.

Bis zu 900mal am Tag füttern Kohlmeiseneltern ihre Jungen

Die Kohlmeise ist in Gärten, Parks und lichten Wäldern die häufigste Meise. Wenn nur das Flugloch die richtige Größe hat (über 32 mm Durchmesser), siegt sie im Kampf um den Brutplatz früher oder später über alle Meisenarten. Trotzdem leiden die Kohlmeisen unter Wohnungsnot und brüten manchmal in den abwegigsten Löchern: in verbeulten Eimern, in Briefkästen, Ofenrohren oder Schrottautos. Das Weibchen baut ein für Höhlenbrüter erstaunlich kunstvolles Nest. Zunächst wird die Höhle, wenn sie zu groß erscheint, mit Moos ausgefüllt. In das Moos wird dann ein tiefer, mit Haaren und Federn ausgelegter Napf hineingearbeitet. Das Nest muß sehr warm sein, damit das Weibchen die 10 bis 13 Eier wärmen kann. Es wird während der 13 oder 14 Tage Brutzeit vom Männchen gefüttert. Stört man es auf dem Nest, fliegt es nicht davon, sondern reagiert mit einem spuckenden Fauchen, das seine Schreckwirkung gemeinhin nicht verfehlt. Beide Eltern füttern. Sie fliegen mit jeder einzelnen Raupe zum Nest, und man hat bis zu 900 Anflüge am Tag gezählt. Die Nahrung besteht aus Kerbtieren und fetthaltigen Sämereien. Gern hämmern die Kohlmeisen mit ihrem starken Schnabel Rindenritzen auf. Die Beute halten sie, wie nur ganz wenige andere Vögel, zwischen beiden Füßen festgeklemmt. Im Herbst suchen sie alle Fensterbänke nach Futter ab und kommen auch zum Futterhaus.

Bis zu 300mal am Tag fliegen die Eltern mit Nahrung zur Brut

Der schmucke Vogel bewohnt Parkanlagen, Gärten und Friedhöfe, immer aber Reviere mit lockerem Baumbestand. In den letzten Jahren verschwand er zunehmend; man macht wohl mit Recht die Spritzmittel dafür verantwortlich. Heute gespritzt – und morgen liegen die Jungen tot in den Nestern, auch wenn die Spritzbrühe angeblich unschädlich war. Ende März kommen zunächst die Männchen aus Afrika zurück und besetzen meist die angestammten Reviere. Hier fliegen sie nach einem lockeren Stundenplan ihre Singwarten ab und tragen ihr Liedchen vor. Kommen später die Weibchen, so zeigt das Männchen ihnen durch Anfliegen mit weit gespreiztem Rotschwanz die Nisthöhle, meist einen Meisenkasten mit einer Fluglochweite von 32 mm oder etwas darüber. Artgenossen und andere rotbrüstige Vögel werden mit großer Streitlust aus dem Revier vertrieben. Der rote Schwanz löst dagegen keine Angriffe aus. Deshalb können ihn auch schon die Jungen tragen, wenn sie nach dem Ausfliegen noch im elterlichen Revier gefüttert werden. Die Nisthöhle, zwischen einem und fünf Meter hoch gelegen, wird mit Moos, Haaren und Federn ausgelegt. Nur das Weibchen brütet, und zwar von der Ablage des letzten Eies an. Darum schlüpfen alle Jungen etwa gleichzeitig. Sie werden mit zarten Insekten aufgezogen, die die Eltern einzeln im Schnabel herbeischaffen – bis zu 300mal am Tage.

BERGWÄLDER, MATTEN UND FELS

Die Waldstufe der Gebirge, die bis an eine Grenze von etwa 1700–1900 Meter reicht, stellt an die Vögel, die hier leben, keine besonderen Anforderungen. Waldbaumläufer, Tannenmeise, Wintergoldhähnchen fühlen sich hier rundherum wohl. Erst die Matten- und vor allem die Felsregionen werden für die Vögel zu einem harten Kampf gegen die Mächte der Natur. Sauerstoffmangel und große Temperaturschwankungen zwischen Tag und Nacht machen ihr Leben und Überleben nicht einfach. Diese Vögel haben in der Regel größere Herzen, um ihren Körper besser mit Sauerstoff versorgen zu können. In Höhen bis zu 1600 Meter lebt das scheue Haselhuhn. Dort findet es in den Bergwäldern noch reichlich Unterholz. Die wenig durchforsteten Bergwälder sind auch Heimat für das Birkhuhn und den Auerhahn. Der Hochsommer ist die Zeit, in der die meisten Gebirgsvögel ihre Jungen füttern. Kein Vogel über der Baumgrenze zieht mehr als eine Brut im Jahr auf. Der Schneefink legt sein Nest nicht selten im Gemäuer einer Berghütte an und wird dann sehr zutraulich. Der Winter ist die Zeit, in der die Auslese am härtesten ist. Die Arten, die in den Alpen heimisch sind, bringen auch die körperlichen Eigenschaften mit, den Winter zu überleben. Die Alpendohlen, die rund um das Jahr in ihrem Brutgebiet bleiben, machen manchmal Tagesausflüge bis ins Tal und erscheinen an den Futterhäusern in den Bergdörfern. Vom Steinadler gibt es nur noch wenige Paare in den deutschen Alpen. Der Massentourismus, die Seilbahnen, die bis in höchste Höhen führen, wurden seine größten Feinde. Nur einige einsame geschützte Felsregionen — wie die Kernzone des Nationalparks Königssee — bieten die Voraussetzung, daß sich der Bestand des Steinadlers erholen kann.

Gebirgsstelzen ziehen meist drei Bruten im Jahr auf – Schwerarbeit

Diese langschwänzigste aller Stelzen hält sich am liebsten dort auf, wo Wasser rauscht, vor allem an schäumenden Bergbächen. Wo aber in der Ebene Wasser über ein Mühlenwehr oder eine Staustufe fällt, macht sie ihrem Namen weniger Ehre und siedelt sich dort ebenfalls an. Mit ihrem häufig vorgetragenen Lockruf »sissri«, ihrem bogenförmig dahinschießenden Flug und ihrem ausgiebigen Schwanzwippen wird die Gebirgsstelze zur Zierde ihres Lebensraumes. Dabei ist sie enger an das Wasser gebunden als die übrigen Stelzen: Sie watet gerne bis zum Bauch und taucht beim Picken nach Wasserinsekten mitunter den Kopf ein. Auch kann sie treibende Beute im Rüttelflug von der Wasserfläche auflesen. Ihr Nest liegt in Halbhöhlen in Wassernähe, unter Brücken, in Mauerlöchern und an ähnlichen Orten. Anfang Juni werden die ersten Jungen flügge. Den Winter verbringen Gebirgsstelzen an offenen Fließgewässern. Nur bei strengem Frost und bei Hochwasser weichen sie nach Süd- und Westeuropa aus.

Von einer Warte aus läßt er oft sein »ist-st-ist« hören

Den Wiesenpieper kann man eine etwas kleinere Ausgabe des Baumpiepers nennen, nur mit gänzlich anderer Stimme und Lebensweise. Er bewohnt baumlose Moore, Heiden, Bergwiesen und die Tundra und hält sich stets am Boden auf. In der Nähe des Nestes hält er auch von einem Zaunpfahl oder einer Erdkuppe aus Wache. Er singt aufflatternd und wieder herabschwebend und stürzt schließlich, immer noch singend, mit angelegten Flügeln zur Erde. Von Mitte Oktober bis weit in den November hinein ist der Wiesenpieper ein häufiger Durchzügler in Mitteleuropa. Meist läuft er unauffällig am Boden umher, drückt sich bei Gefahr und fliegt erst einige Meter vor dem Wanderer mit mehrfachen »ist, ist«-Rufen auf. Der Flug geht zuckend, aber schnell. Einzelne Wiesenpieper versuchen auch nördlich der Alpen die Überwinterung. Im März ziehen die Wiesenpieper aus ihren südeuropäischen Winterquartieren wieder über Mitteleuropa hinweg nach Norden. Auf den vom Schmelzwasser aufgeweichten Wiesen finden sie die ihnen zusagenden Rastplätze. Einige brüten auch in hochgelegenen Mooren in Mitteleuropa.

Aufregendes Flattern soll Feinde vom Nest der Jungen fernhalten

Der Wasserpieper, ein Gebirgsvogel, siedelt in der Krummholzzone und auf den sich darüber anschließenden Almwiesen, besonders gern an Bergbächen, die durch Felslandschaften rauschen. Er watet nach Bachstelzenart im Flachwasser und geht zierlich mit erhobenem Schwanz. Das Männchen trägt in einem erst aufwärts flatternden, dann herabschwebenden Singflug seine Strophe vor und beendet sie erst im Sitzen. Gelegentlich läßt es den Gesang auch von einem hochragenden Stein oder einer Krüppelkiefer erklingen. Die Eltern versuchen durch auffälliges Herumflattern Eindringlinge aus der Nähe des verdeckt am Boden stehenden Nestes fortzulocken. Das Nest ist größer als bei den übrigen Piepern. Die 4–5 Eier sind auf grauem oder graugrünem Grund stark schwarzgefleckt und gewellt. Nach der Brutzeit treiben sich die Wasserpieper truppweise auf Almwiesen umher und werden dann recht scheu. Den Winter verbringen einzelne in milden Tallagen ihrer heimatlichen Berge, die meisten aber verziehen in den Mittelmeerraum. Im März kehren sie zurück und bleiben anfangs in den Tälern, bis die Schneeschmelze ihre höher gelegenen Brutgebiete bewohnbar macht.

Aus einem Spinnennetz kann die Zippammer die Spinne herausholen

Diese zarte Ammer bewohnt Weinberge, Olivenhaine und mit Gestrüpp bewachsene warme Hänge. Im Südschwarzwald lebt sie auf buschbewachsenen Hügeln in 600–1200 Meter Höhe. Man findet sie auch im Rheintal nordwärts bis zum Drachenfels. Als Standvogel zieht sie sich nur im Winter in mildere Tallagen zurück. Die Zippammer ist Bodenvogel und Schlüpfer in Geröll und Gebüsch. Ihr für eine Ammer zarter Schnabel läßt auf einen hohen Anteil Insektenkost schließen. In der Tat kann die Zippammer rüttelnd vor einem Spinnennetz stehen und die Spinne herausfangen, was keiner anderen Ammer gelingt. Die Jungen werden überwiegend mit weichhäutigen Insekten aufgezogen, die Hauptnahrung der Altvögel besteht dagegen aus Grassamen. Der Gesang ist dem des Zaunkönigs ähnlich, aber nicht so schmetternd. Das Nest liegt nach Ammerart am Boden, in Felsspalten oder bis zu kniehoch in einem Busch.

Schon vor der Schneeschmelze teilen die Männchen die Reviere auf

Die Männchen dieser hochnordischen Ammer teilen schon vor der Schneeschmelze die Reviere unter sich auf, so daß die Weibchen ohne jeden Zeitverlust den kurzen Polarsommer für die Jungenaufzucht nutzen können. Das Nest, ein sorgfältig und warm gearbeiteter Napf mit viel Federn, liegt geschützt in Felsspalten. Im Sommer leben die Schneeammern vor allem von Insekten, im Winter von Sämereien, besonders gern von Birkensamen, die ihnen auch im Norden zur Verfügung stehen. Ihr herbstlicher Wegzug gleicht daher weniger einem starr geplanten Zuggeschehen als vielmehr einer Winterflucht, wenn der Schnee ihre Nahrung zudeckt. Im November erscheinen sie regelmäßig auf Ödland in Mitteleuropa und verschwinden wieder im März. Manche finden auch zu einem Futterhaus. Im Winter tragen sie ein schlichtes Kleid mit Brauntönen: das Brautkleid dagegen enthält viel Weiß, und zwar um so mehr, je älter die Vögel werden.

Der Tannenhäher füttert die Jungen mit Vorräten vom letzten Herbst

In den Gebirgen Mitteleuropas liegt die Brutheimat des dickschnäbeligen Tannenhähers mit dem nach Krähenart gekrümmten Oberschnabel, der den Unterschnabel um nur 1 mm überragt. In manchen Wintern fliegen bei uns auch dünnschnäbelige Tannenhäher aus Sibirien ein. Sie haben einen schlankeren, geraden Oberschnabel, der um etwa 2,5 mm über den Unterschnabel hinausragt. Vereinzelt schreiten diese Invasionsvögel auch bei uns zur Brut. Sie sind so zutraulich, daß sie schon mit Stöcken erschlagen oder mit dem Schmetterlingsnetz gefangen wurden. Der Tannenhäher klettert gut und hängt sich gerne an Stämme, um die Rinde loszuhacken. Im Sommer hält er sich in den dichten Bergwäldern auf, ruft gerne in der rauhen Tonlage der Rabenvögel, bringt einen bauchrednerischen Gesang zustande und zeigt sich wenig. Im Herbst kommt er aus den Bergen in das Vorland zur Nußernte und verliert dann seine Scheu, wird manchmal sogar dreist. Eine Haselnuß, die er mit einem Fuß hält, spaltet er mit wenigen Schnabelhieben. Die Nüßchen der Zirben knackt er nach Nußknackerart mit dem speziell dafür verstärkten Schnabel. Der Überschuß wird geschickt versteckt.

Sie balgen sich um Kadaver und werden friedlich, wenn sie satt sind

Wo die Gänsegeier häufig sind, sammeln sie sich erstaunlich schnell an einem toten Tier. Sie schweben den Tag über in unsichtbarer Höhe und mustern den Boden. Wo sich einer herabstürzt, sehen das seine Nachbarn und folgen ihm und reißen wiederum ihre Nachbarn nach. Am Kadaver entspannen sich arge Raufereien, dabei bleibt der Hungrigste Sieger, bis er nicht mehr der Hungrigste ist. So wird am Ende jeder satt. Die Geier stopfen sich so voll Nahrung, daß sie nur noch mit Mühe auffliegen können. Brehm hat ihr Verhalten nachsichtsvoll beschrieben: »Der Name Raubvogel verliert bei ihnen einen Teil seiner Bedeutung. Sie bestatten die Leichen, die sie finden, in ihrem Magen. Weil aber der Zufall sich ihnen nicht immer günstig zeigt, und sie demzufolge oft tagelang Mangel leiden müssen, gebärden sie sich beim Anblick einer Beute, als müßten sie sich unter allen Umständen für gehabte Entbehrungen entschädigen und für kommende versorgen.« Der Gäsegeier brütet gesellig in schroffen Felsen, den Jahrhunderte alten »Geierwänden«.

Oft steht er auf Steinblöcken, um sich bewundern zu lassen

Von den rund 14 Schmätzerarten, die in den Mittelmeerländern leben, wagt sich nur der Steinschmätzer bis Mittel- und sogar bis Nordeuropa. Über Grönland hat er auch den Weg nach Nordamerika gefunden. Die grönländischen Steinschmätzer ziehen im Herbst durch ganz Europa nach Afrika. Der Steinschmätzer bewohnt, wie alle seine Verwandten, steinige, öde Orte, wo er gern auf Geröllhaufen sitzt und mit allerlei Verbeugungen den Blick auf sich zieht. Im Flug leuchten sein weißer Bürzel und sein Schwanz wie ein Signal. Auch der Gesang, der aus schnurrenden und knarrenden Passagen und irgendwo aufgeschnappten Melodiebruchstücken gemischt ist, wird von einer Steinkuppe aus vorgetragen, manchmal aber auch aus dem Flug. Das Nest liegt in Ritzen und Höhlen aller Art. Es ist locker geformt und mit Halmen, Federn und Haaren ausgelegt. Die Jungen verlassen es mit etwa 15 Tagen, verbergen sich aber noch rund eine Woche lang in Spalten und Erdlöchern.

Sie singt bis zum späten Abend ihr flötenartiges Lied

Die Blaumerle bewohnt Felslandschaften mit eingestreuten Sträuchern, von der Meeresküste bis in das Gebirge. Hier fällt ihr weitschallender Gesang besonders auf, weil er zu Tageszeiten erklingt, vor allem abends, wenn sonst die Vögel schweigen. Ihr Lied klingt flötenartig und melancholisch, es wird langsam vorgetragen und zuweilen mit rauheren Tönen untermischt. Manche Brutpaare hausen auch in Ruinen nahe bei Ortschaften und halten zäh an ihrem einmal erwählten Brutplatz fest. Anfang Mai liegen in einer Felsenhöhle die glänzend grünlichblauen Eier, und im Juni werden die Jungen flügge. Sie färben sich erst im zweiten oder dritten Jahr in das blaubereifte Alterskleid um, dem sie ihren Namen verdanken. Die Blaumerle jagt als Wartenvogel auf Insekten. Das tägliche Bad ist ihr ein Bedürfnis.

Ein spähender Blick vor dem Flug zur Brut im »Backofen-Nest«

Der Berglaubsänger liebt Bergwälder mit gut entwickelter Strauch- und Krautschicht, kommt aber auch in einigen Mooren des Voralpenlandes vor. Er baut sein »Backofennest« mit seitlichem Einschlupf am Boden unter überhängendes Gras und freiliegende Wurzeln. Außen ist es aus gröberen Teilen, innen aber mit feinen Halmen gearbeitet. Das Weibchen brütet 13 Tage und flattert erst auf Meterabstand vor dem Menschen von den Eiern. Die Jungen werden nackt geboren, nur auf dem Kopf tragen sie eine »Tolle« aus langen Dunen. Das Weibchen wärmt sie noch drei Tage lang und gibt ihnen in dieser Zeit das Futter weiter, das ihm vom Männchen hereingereicht wird. Am 9. Tag haben die Jungen das Gewicht der Altvögel erreicht, am 10. stürzen sie bei einer Störung aus dem Nest, am 13. verlassen sie es spontan und werden dann von den Eltern zusammengerufen und in die Wipfelregion der Bäume geführt. Wenn sie zwei Monate alt sind, erfaßt sie die herbstliche Zugunruhe.

Die Horste werden im Laufe der Jahre riesige Reisigburgen

Der Kaiseradler hat sein Revier in weiten, dürftig mit Bäumen bestandenen Ebenen. Er brütet heute einerseits in Spanien und Marokko und dann wieder von Griechenland an ostwärts – wahrscheinlich eine späte Folge der Eiszeiten. Die Horste finden sich auf Bäumen und Büschen – dort wo er nicht verfolgt wird, auch meterniedrig oder am Boden. Sie werden mit den Jahren zu großen Reisigburgen ausgebaut. Die Brutzeit beginnt Mitte März bis Anfang Mai, die höchstens zwei Eier werden 43 Tage von beiden Eltern abwechselnd bebrütet, und die Jungen bleiben für 2 Monate im Horst. Der Kaiseradler schlägt Bodenbeute, in Spanien vor allem Kaninchen, im Osten Ziesel. Er geht auch an Aas. In Persien wurde er früher zur Jagd auf Hasen, Antilopen und Wölfe abgerichtet. Heute ist der Kaiseradler vom Aussterben bedroht. Die wenigen Brutpaare in Spanien stehen unter strengstem Schutz, aber in der Türkei und in Persien geht es mit ihm zu Ende. Seit die Perser durch den Ölboom zu Geld gekommen sind, fahren sie mit ihren Luxuslimousinen über Land, schießen aus dem Auto heraus auf alles, was sich bewegt, und lassen es liegen. In die Türkei aber kommen die Gastarbeiter mit einer Flinte im Gepäck zurück und treiben es genauso, und niemand findet etwas dabei. An diesen Beispielen sieht man deutlich, daß Naturschutz nur dort erfolgreich ist, wo er von einer breiten Öffentlichkeit getragen wird. Gesetze allein, die es auch in Persien und der Türkei gibt, bleiben wirkungslos.

Junge Steinadler verlassen den Horst erst nach 80 Tagen

Der Adler verträumt die Morgenstunden auf einem Schlafbaum – zur Brutzeit in Horstnähe – und bricht zur Jagd auf, wenn die Aufwinde kräftig geworden sind. Auf immer den gleichen Luftstraßen durchstreift er dann sein riesiges, oft 200 Quadratkilometer großes Revier. Sein Angriff erfolgt mit ungestümer Kraft. Flüchtende Beute verfolgt er fliegend, aber sie kann sich mit Hakenschlagen retten. Er greift mit Vorliebe Hasen, Murmeltiere, Lämmer und Zicklein. (In Norwegen ersetzt die Regierung diese Schäden, 1974 waren es rund 800 000 DM.) Er tötet aber auch die im Schnee watende Gemse. Aus alten Zeiten sind sogar Angriffe auf Kinder überliefert, und noch heute läßt kein Falkner seinen Beizadler fliegen, wenn Kinder in der Nähe sind. Seine einmal gefaßte Beute läßt der Adler nicht wieder los. Er schlägt ihr knetend seine langen Krallen in den Körper, so lange sie sich bewegt. Von einem Falkner, von seinem eigenen Adler angegriffen, wurde berichtet, daß er viele Stunden unbeweglich unter seinem Vogel liegen bleiben mußte. bis er gefunden und gerettet wurde. Der Horst liegt meistens tiefer als die Jagdgebiete, so daß der Adler mit seiner Beute im Fang nicht zu steigen braucht. In der Regel wechselt das standorttreue Adlerpaar von Jahr zu Jahr zwischen mehreren Horsten, die am Ende der Brutzeit mit Fellresten und Knochen übersät sind. Die Horste werden vor jeder Brut neu aufgestockt und mit der Zeit tonnenschwer.

Alpendohle

Zwischen Felsregion und ewigem Eis ist ihre Stimme der einzige Tierlaut

Die Alpendohle hat ihren Lebensraum in den Alpen zwischen Waldgrenze und Schneeregion, wo ihre Stimme zwischen öder Felswüste und ewigem Eis der einzige Tierlaut ist. Immer gesellig, fliegt sie meist dicht an den Felswänden entlang und läßt sich von den Aufwinden tragen; sie setzt sich fast niemals auf Bäume, sondern klammert sich nach Spechtart an das Gestein. Sie harrt auch im Winter im Hochgebirge aus, läßt sich an Berghütten füttern und flüchtet nur vor den Schneestürmen in geschütztere Tallagen. Die Alpendohlen sind sehr gesellige Vögel, sie umfliegen klagend einen verunglückten Artgenossen und leben in treuer Dauerehe. Der Dohlenmann ist sehr zärtlich, er bringt es zu einem etwas krakelnden Gesang; er schnäbelt, krault und füttert sein Weibchen. Das Nest, dem rauhen Hochgebirsklima entsprechend ein umfangreicher, warm ausgelegter Reisigbau, liegt in geschützten Felsnischen, meist in der Gemeinschaft einer jahrhundertealten Kolonie. Die Alpendohlen sind wie ihre Verwandten Allesfresser: Sie sammeln Beeren, gehen an Fallwild, verzehren Schnecken samt Haus und legen in guten Tagen Vorräte an.

Mornellregenpfeifer

Wenn die Mutter vom Brüten genug hat, kommt das Männchen

Der Mornell brütet in der Tundra und in Hochlagen südlicherer Gebirge mit Tundracharakter. Er hat schon im Riesengebirge gebrütet und tut es heute noch in den Alpen, vor allem auf dem Zirbitzkogel oberhalb der Baumgrenze und in Mittelnorwegen zwischen 1100 und 1400 Meter Höhe, meist in der Nähe abtauender Schneefelder. Anfangs brütet das Weibchen, später überläßt es das Brüten dem Männchen, kann dann aber wieder die geschlüpften Jungen betreuen. Vor dem nahenden Menschen schleicht sich der Mornell auf etwa 50 Meter Abstand vom Nest; wenn man sich aber ruhig in Nestnähe hinsetzt, kommt er bald zu den Eiern zurück und duldet bei langsamer Annäherung schließlich, daß man ihn berührt. Er läßt sich dann auch, auf den Eiern sitzend, füttern. Den Winter verbringt er im Mittelmeerraum. Auf dem Zug sind manche Individuen sehr vertraut, nicht aber, wenn sie von anderen Vögeln auf der Flucht mitgerissen werden. Sie sind nie am Wasser zu sehen.

Bergfink

Auf den Schlafbäumen drängen sie sich zu Tausenden zusammen

So wie unsere Zugvögel im Winter nach Afrika ziehen, so liegt für den nordischen Bergfinken die Winterherberge in Mitteleuropa. Meist erscheinen die Vögel im Oktober und in größerer Zahl im November. Sie treiben sich gesellig auf abgeernteten Feldern umher und werden, wenn der Schnee die Äcker deckt, zu treuen Gästen am Futterhaus. Den Mitbewerbern gegenüber gebärden sie sich dort sehr streitsüchtig. Im Verlauf des März verschwinden sie wieder. In manchen Jahren überschwemmen Invasionen von Bergfinken das Land. Sie sitzen dann manchmal so dicht auf den Straßen, daß die Polizei den Verkehr umleitet. Auf den Schlafbäumen drängen sie sich zu Tausenden zusammen, daß die Äste brechen. Wenn sie in Hungersnot geraten, ist der Boden unter den Schlafbäumen allmorgendlich mit Toten übersät. Bei uns sieht man den Bergfinken nur im Winterkleid. Im März färben sich die Männchen um und prangen im Hochzeitskleid mit schwarzem Kopf und Nacken. Ihr Gesang bleibt immer unbedeutend.

Register